SYMMETRY™

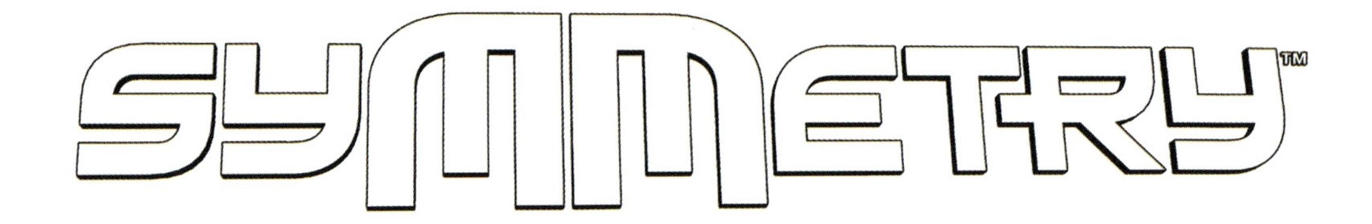

Als Künstliche Intelligenz allgegenwärtig wurde, stand die Menschheit vor der Wahl: weitermachen im endlosen Kreislauf der Gewalt oder eine echte Veränderung herbeiführen.

Es wurde ein "System-Optimierer für Langlebigkeit" (SOL) entwickelt. Als er online ging, arbeitete er unter der Leitung der Menschen an einer besseren Zukunft.

Ehrgeiz, Diversität, Kreativität und die Instrumente des Kapitals wurden dem Wohlergehen aller geopfert. Jeder bekam eine persönliche K.I., die bereits im Mutterleib die Verbindung mit SOL und der Gemeinschaft herstellte. Diese "Responsive Artifizielle Netzwerk-Archetype" wird RAINA genannt.

Die Gesellschaft ruht nun auf vier Pfeilern: GEMEINSCHAFT, FRIEDEN, HARMONIE und GLEICHHEIT.

Alles wurde so eingerichtet, dass es diese Ideologie stützte.

Roboter übernahmen alle Arbeit. Die Menschheit erlebte ein harmonisches Zeitalter.

Sie hatte endlich die Symmetrie gefunden.

MATT HAWKINS
Autor

RAFFAELE IENCO
Zeichner

GERLINDE ALTHOFF
Übersetzung

ALESSANDRA GOZZI
Lettering

RYAN CADY
ASHLEY VICTORIA ROBINSON
Redaktion USA

SYMMETRY wurde erdacht von MATT HAWKINS und RAFFAELE IENCO

SYMMETRY erscheint bei **PANINI COMICS**, Rotebühlstr. 87, D-70178 Stuttgart. Druck: G. Canale & C. S.p.A. Pressevertrieb: Stella Distribution GmbH, D-20097 Hamburg. Direkt-Abos auf **www.paninicomics.de**. Anzeigenverkauf: BLAUFEUER VERLAGSVERTRETUNGEN GmbH, info@blaufeuer.com. Es gilt die Anzeigenpreisliste Nr. 14 vom 01.10.2016. Geschäftsführer **Hermann Paul**, Publishing Director Europe **Marco M. Lupoi**, Finanzen **Felix Bauer**, Marketing Director **Holger Wiest**, Marketing **Rebecca Haar**, Vertrieb **Alexander Bubenheimer**, Logistik **Ronald Schäffer**, PR/Presse **Steffen Volkmer**, Publishing Manager **Lisa Pancaldi**, Redaktion **Tommaso Caretti**, **Carlo Del Grande**, **Aurelio Pasini**, **Oriol Schreibweis**, **Kristina Starschinski**, **Monika Trost**, **Daniela Uhlmann**, Übersetzung **Gerlinde Althoff**, Proofreading **ENZA**, Lettering **Alessandra Gozzi**, grafische Gestaltung **Marco Paroli**, Art Director **Mario Corticelli**, Redaktion Panini Comics **Annalisa Califano**, **Beatrice Doti**, Prepress **Cristina Bedini, Nicola Soressi**, Repro/Packager **Alessandro Nalli** (coordinator), **Mario Da Rin Zanco**, **Valentina Esposito**, **Luca Ficarelli**, **Paolo Garofalo**, **Simone Guidetti**, **Linda Leporati**, **Ivano Martin**, **Fabio Melatti**. Originally published in single magazine form as Symmetry # 1-8. Cover von **Raffaele Ienco**, *Symmetry* Cover 2B **ISBN** 978-3-7416-0302-0

Digitale Ausgaben: ISBN 978-3-7367-3080-9 (.pdf) / ISBN 978-3-7367-3078-6 (.epub) / ISBN 978-3-7367-3079-3 (.mobi)

FINDET UNS IM NETZ: facebook: paninicomicsDE / instagram: paninicomicsDE

Bibliografische Information der Deutschen Nationalbibliothek
Die Deutsche Nationalbibliothek verzeichnet diese Publikation in der Deutschen Nationalbibliografie; detaillierte bibliografische Daten sind im Internet über http://dnb.d-nb.de abrufbar.

SYMMETRY™

Kapitel **1** – Cover von **RAFFAELE IENCO**

Heft 1, Variant-Cover von **RAFFAELE IENCO**

Mein Bruder Matthew starb heute vor fünf Jahren.

Ich wünschte, die Roboter wären schuld. Aber leider...

... bin ich es.

Die Peacekeeper wollten ihm helfen.
SORRY.
HEY!
BÜRGER, BITTE GEH LANGSAM. DU VERLETZT DICH NOCH...
... ODER JEMAND ANDERS.

Alles was ich tat und tun werde ist für Maricela.
Weil ich sie liebe.
Und Liebe ist hier unmöglich.

Ich wusste nicht, dass ich alles verändern würde.
BÜRGER MATTHEW, WIR WOLLEN DIR HELFEN.

Vorher war alles perfekt.
BLEIB STEHEN.
ZU DEINEM EIGENEN SCHUTZ.

Keine Gewalt.

Keine Krankheit.
WHUMP

Kein Schmerz.
ICH WILL EURE HILFE NICHT.

Matthew war
zwei Jahre
älter als ich.

Er hatte im-
mer auf mich
aufgepasst.

AHH
THUNK

NEIN!

Er starb, und Maricela und ich konnten entkommen.
AHHH

WHAM

BÜRGER, WIR WOLLEN EURE HARMONIE NICHT STÖREN.
DIES KÖNNTE EUCH BEUNRUHIGEN. BITTE GEHT WEITER.
IN DER CAFETERIA GIBT ES FRISCHE EISCREME.

LUFTRETTUNG IN 90 SEKUNDEN.
IN 37 SEKUNDEN IST ER TOT.
WARUM BIST DU WEGGE-LAUFEN?

W-WARUM SAGT MAN UNS NICHT DIE WAHRHEIT?

Vor 23 Jahren kam ich wie alle anderen als geschlechtsloses Baby zur Welt.
GEBURT IST EIN EINFACHER PROZESS, BÜRGERIN. SIE IST SCHMERZFREI.

JETZT PRESSEN.

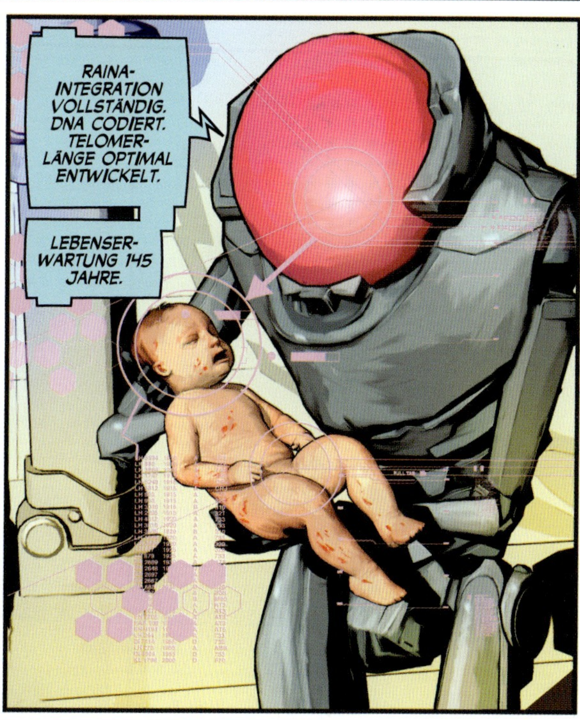
RAINA-INTEGRATION VOLLSTÄNDIG. DNA CODIERT. TELOMERLÄNGE OPTIMAL ENTWICKELT.
LEBENSERWARTUNG 145 JAHRE.

An meine Mutter erinnere ich mich nicht.
FÜR DIE EMOTIONALE STABILITÄT DES KINDES IST ES WICHTIG, DASS ES IN DEN ERSTEN ZWEI JAHREN BERÜHRT WIRD. SEINE RAINA WIRD MIT DEINER KOMMUNIZIEREN, WENN ES AUFMERKSAMKEIT BRAUCHT.

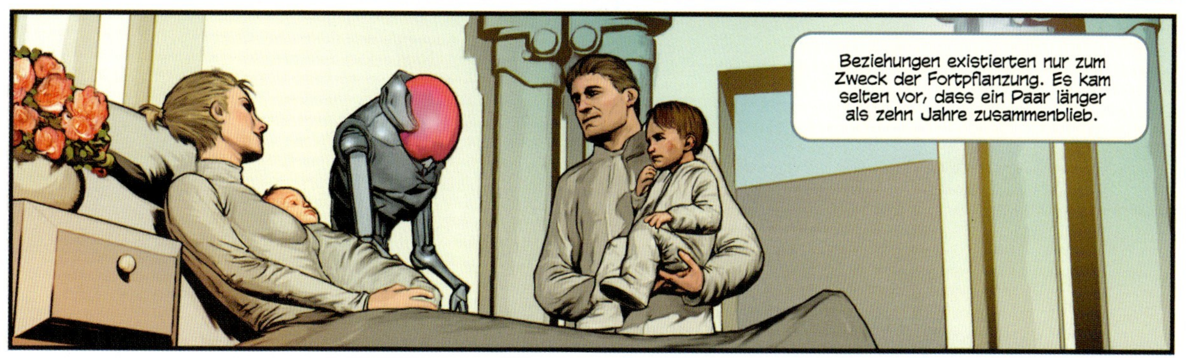
Beziehungen existierten nur zum Zweck der Fortpflanzung. Es kam selten vor, dass ein Paar länger als zehn Jahre zusammenblieb.

Mit drei Jahren brachte man mich in eine kommunale Erziehungseinrichtung und trennte mich endgültig von meinen Eltern.
Jeder lernte dieselben Dinge auf dieselbe Art. Diversität war verboten.

WAS IST DAS?
EIN WÜRFEL.

WIE HEISST SEINE VIERTE, FÜNFTE UND SECHSTE DIMENSION?
TESSERAKT, PENTERAKT UND SEXTERAKT.
WAS LERNEN WIR DARAUS?
PERSPEKTIVE IST IRREFÜHREND UND SCHÄDLICH FÜR DIE GEMEINSCHAFT.

Wie für alle Kinder war mein bester Freund und Elternersatz RAINA.
Meine RAINA.

Sie unterrichtete mich sogar, wenn ich schlief.

Die Wahl.
Mit dreizehn wurden wir Bürger. Wir wählten unser Geschlecht.
Und unseren Namen.
GLÜCKWUNSCH, KINDER.
IHR SEID VORANGEKOMMEN AUF EURER REISE, UM EINS ZU WERDEN MIT UNS ANDEREN.
BEVOR WIR WÄHLEN, ERINNERN WIR UNS AN DIE VIER PFEILER.
GEMEINSCHAFT. FRIEDEN. HARMONIE. GLEICHHEIT.

Als ich dran war, wusste ich, was ich wollte.

ICH BIN BEREIT, ELDER.

UND WAS WÄHLST DU?

Ich wollte so sein wie mein älterer Bruder MATTHEW.
MÄNNLICH. UND ICH MÖCHTE MICHAEL HEISSEN.

Mit 18 zog ich ins kommunale Gebäude 37-G um.
DU BIST ERWACHSEN.
ANFANGS IST ES SICHER SELTSAM, ALLEIN IN EINEM RAUM ZU SCHLAFEN, ABER DU GEWÖHNST DICH DRAN.

DEIN NEUES ZUHAUSE.
SIEHT AUS WIE DEINS.
SIE SIND ALLE GLEICH.

DIE CAFETERIA HAT IMMER GEÖFFNET UND BIETET SNACKS AN, DIE MAHLZEITEN WERDEN ZUR VEREINBARTEN ZEIT SERVIERT.

HAST DU NOCH EINEN VERTRAG MIT MICHELLE?
NEE, NACH DEM ERSTEN JAHR HABEN WIR BESCHLOSSEN, NICHT ZU VERLÄNGERN.
ÜBRIGENS, IN DEINER WOHNUNG KANNST DU KEINEN SEX HABEN. DAZU MUSST DU EINEN DER RÄUME IM ZWEITEN STOCK NUTZEN.

DANKE, MATTHEW. SEHEN WIR UNS SPÄTER?
DEFINITIV. DU KOMMST SCHON KLAR. VERTRAU DEINER *RAINA*. SIE FÜHRT DICH AUF DEN RICHTIGEN WEG.

MONATE SPÄTER
GUTEN MORGEN, MICHAEL.

GUTEN MORGEN, RAINA.
DEIN CORTISOL-LEVEL IST ERHÖHT. WIE FÜHLST DU DICH?

GUT... ICH FREUE MICH AUF DEN AUSFLUG. ICH VERLASSE DIE STADT ZUM ERSTEN MAL.
HAST DU MICH FÜR ASTRONOMIE ANGEMELDET? WOLF CREEK BIETET DEN BESTEN AUSBLICK UND ICH WILL WISSEN, WAS ICH SEHE.
JA. DER KURS FINDET UM 1100 STATT, PLYOMETRIE DANN UM 1600 UND DAS ESSEN MIT MATTHEW UND THOMAS UM 1900 IN GEBÄUDE 35-A.

WAS MEINST DU, WIRD WOLF CREEK GUT?
JA, NATÜRLICH. ES IST EIN PARADIES UND MAN KANN DORT VIEL UNTERNEHMEN. DU HAST LETZTE NACHT DAVON GETRÄUMT. MÖCHTEST DU ES NOCH MAL SEHEN?

KLAR!

WOW.
ES WIRD EINE UNVERGESSLICHE ERFAHRUNG FÜR DICH.

Ich fuhr mit Matthew und seinem Freund Thomas nach Wolf Creek. Wir lebten nah am Meer, darum war ein Ferienort in den Bergen attraktiv.
Man ermutigte uns, 16 Wochen im Jahr in Ferienorten zu verbringen.
Sie waren dazu da, die Gemeinschaft zu fördern und eine Beziehung zur Natur aufzubauen.
DAS IST THOMAS. ER WOHNT IN 35-A.
FREUT MICH. SAGT BESCHEID, WENN ICH IRGENDWAS TUN KANN, UM EURE REISE NOCH DENKWÜRDIGER ZU MACHEN.
DANKE. DU BIST REBECCA, JA?
JA. WIR SEHEN UNS SPÄTER.

DANKE FÜRS VORSTELLEN! MEINE *RAINA* SAGT, REBECCA UND ICH SIND KOMPATIBEL.

VERZEIHUNG, BÜRGER!

DIES GETRÄNK IST NICHT FÜR DEINE BEDÜRFNISSE OPTIMIERT.

DIES IST BESSER. FALSCHES ETIKETT. VERZEIH, BÜRGER.
FÜR DEN DRITTEN ABEND HABEN WIR EIN LAGERFEUER GEBUCHT.
ICH WÜRDE SIE GERN EINLADEN, WENN DAS OKAY IST.

Es dauerte vier Stunden, bis wir ankamen, und wir sahen einiges von der Gegend.
Suborbital hätten wir nur 15 Minuten gebraucht, aber damals hatte ich keine Vorstellung vom Wert der Zeit und verstand nicht, was Eile bedeutete.

Ich wünschte, alles wäre wieder so wie früher.

Es war besser. Unser Leben war lang und voller Freude und Glück.

Aber Liebe und Unabhängigkeit passen nicht in diese Welt. Doch hat man davon gekostet, sind sie nicht mehr zu unterdrücken.

WOLF CREEK MOUNTAIN

ES FINDET EIN EINSTÜNDIGES ORIENTIERUNGSTREFFEN UND EINE FÜHRUNG DURCH DIE ANLAGE STATT.
ES FINDE EINSTÜNDIGE TIERUNGSTREFFEN UND EINE FÜHRUNG DURCH DIE ANLAGE STATT.
ES FINDET EIN EINSTÜNDIGES ORIENTIERUNGSTREFFEN UND EINE FÜHRUNG DURCH DIE ANLAGE STATT.
SPÜRST DU DIE LUFT?
1600 METER ÜBER DEM MEERESSPIEGEL. DIE LUFT IST DÜNNER HIER.

DAS TREFFEN MIT DEN OSTLERN SOLLTE VIELLEICHT ZWEI STUNDEN DAUERN. ICH MÖCHTE HEUTE ABEND ZURÜCKKEHREN.
ICH REGELE DIE RÜCKKEHR FÜR DEINE GRUPPE NACH DEM ABENDESSEN.
ELDER, IHR WERDET IM KONFERENZRAUM WEST ERWARTET.

WILLKOMMEN IN WOLF CREEK.
EIN AKTUELLER VERANSTALTUNGSKALENDER WIRD SYNCHRONISIERT. MANCHE VERANSTALTUNGEN SIND SEHR BELIEBT, ALSO BUCHT FRÜHZEITIG.

MATTHEW MÖCHTE DICH SEHEN.
SAG IHM, ICH KOMME GLEICH.

VON HIER AUS KANN ICH EINEN DER TÜRME SEHEN.

ERZÄHL MIR DAVON.

DER, DEN DU SIEHST, WURDE VOR ÜBER 700 JAHREN ERBAUT.

ER IST 200 KILOMETER HOCH UND DIE SPITZE BESTEHT AUS SOLARZELLEN, UM SONNENENERGIE ZU GEWINNEN, DIE ZUR OBERFLÄCHE GELEITET UND FÜR EURE BEDÜRFNISSE NUTZBAR GEMACHT WIRD.

Was ist das eine, was eine perfekt geordnete Gesellschaft nicht kontrollieren kann?
Mutter Natur.

MATTHEW BESTEHT DARAUF, DASS DU JETZT KOMMST. DA IST EINE ELDER, DIE BALD ABREIST UND VORHER MIT DIR SPRECHEN MÖCHTE.
OH, OKAY. SAG IHM, ICH KOMME.

KANNST DU DIESES TELESKOP MORGEN NOCH MAL BUCHEN?
MORGEN IST NICHTS FREI, ABER AM ABEND DARAUF ZUR GLEICHEN ZEIT. MÖCHTEST DU?
JA, BITTE.

Ein dunkles Zeitalter sollte wiederkehren.

Nichts sollte mehr sein wie zuvor.

DA IST ER.
HEY. DAS HIER IST ELDER SHARON.
HALLO, MICHAEL. ICH MÖCHTE DIR UND MATTHEW EINIGE JUNGE DAMEN VORSTELLEN. IHR KOMMT JETZT INS OPTIMALE ZEUGUNGSALTER. ES IST EURE PFLICHT, FÜR NACHKOMMEN ZU SORGEN.
KKRASH!

Später erfuhr ich, dass es ein elektromagnetischer Impuls war. Er zerstörte alles.

Und in einem einzigen Augenblick...

... war die Welt, die ich kannte, ausgelöscht.

Vor diesem Tag hatte ich nie jemanden leiden gesehen.

Keine Gewalt erlebt.

Niemanden sterben gesehen.

Nun ist der Tod ein ständiger Begleiter.

Und es gibt kein Zurück.

RAINA, WAS IST PASSIERT?

RAINA?

MICHAEL!

WAS IST MIT DEN ROBOTERN?
HILF MIR MIT ELDER SHARON.

ALLE KAPUTT. GENAU WIE RAINA.

Meine RAINA war jede Sekunde meines Lebens bei mir gewesen. Nun war sie fort.
Zum ersten Mal fühlte ich mich allein.
AHHH
DA DRÜBEN IST JEMAND.

DAS IST EIN SPERRGEBIET.

ICH GLAUBE, FÜRS ERSTE GIBT ES KEINE SPERRGEBIETE MEHR, ODER?
WIR SOLLTEN BESSER AUF DIE RETTUNGSTEAMS WARTEN.

WAS ZUM...?

Angst kannte ich nicht...
... bis zu dem Tag, an dem ich Maricela fand.
Bevor ich sie liebte.
Bevor ich verstand, dass alles, was ich gelernt und geglaubt hatte, eine Lüge war.
Es gibt keine Symmetrie.
Es hatte sie nie gegeben.
IST SIE VERBRANNT? WARUM SIEHT IHRE HAUT SO AUS?

Kapitel **2** – Cover von **RAFFAELE IENCO**

DREI JAHRE NACH DER SONNENERUPTION
Vor zwei Jahren begann der Konflikt.
WOLLEN WIR WIRKLICH SO ISOLIERT BLEIBEN? IST ES UNSERE SCHULD, DASS WIR KEINE VERBINDUNG ZUR GEMEINSCHAFT MEHR HABEN?

Toleranz war unbekannt.
ES GIBT EXTERNE GERÄTE, DIE UNS MIT RAINA VERBINDEN KÖNNEN. WIR KÖNNTEN WIEDER TEIL DER GEMEINSCHAFT WERDEN.

Niemand hatte gelernt, mit Uneinigkeit umzugehen.
HÖR ZU, WAS ER SAGT!
IST MIR EGAL, WAS DU DENKST!

BÜRGER, BITTE BERUHIGT EUCH. WUT FÜHRT ZU GEWALT UND GEWALT IST KEIN AUSWEG.

ES IST NICHT FAIR, DASS WIR ISOLIERT SIND, WENN DIE MÖGLICHKEIT DER WIEDERVERBINDUNG BESTEHT. DER RAT DER ELDER HÄLT UNS HIER GEFANGEN. BIS WIR STERBEN.
UND DIE PEACEKEEPER SIND DAS WERKZEUG DER UNTERDRÜCKUNG.

Die Waffen, die wir fanden, machten es nur schlimmer.
WIE FUNKTIONIERT DAS?

HAT SAMUEL NICHT GESAGT.
ICH GLAUBE, MAN ZIEHT HIER--

FROOM!

BOOM

SLAMM!

Ich weiß nicht, ob ich noch lebe, wenn du alt genug bist, um dir diese Aufnahmen anzuhören.

Du sollst wissen, dass deine Mutter und ich dich mehr als alles lieben.
Ich hoffe, hierdurch bekommst du eine Vorstellung, wer wir waren und warum du anders bist als alle anderen.
Ich muss dir so viel erzählen.

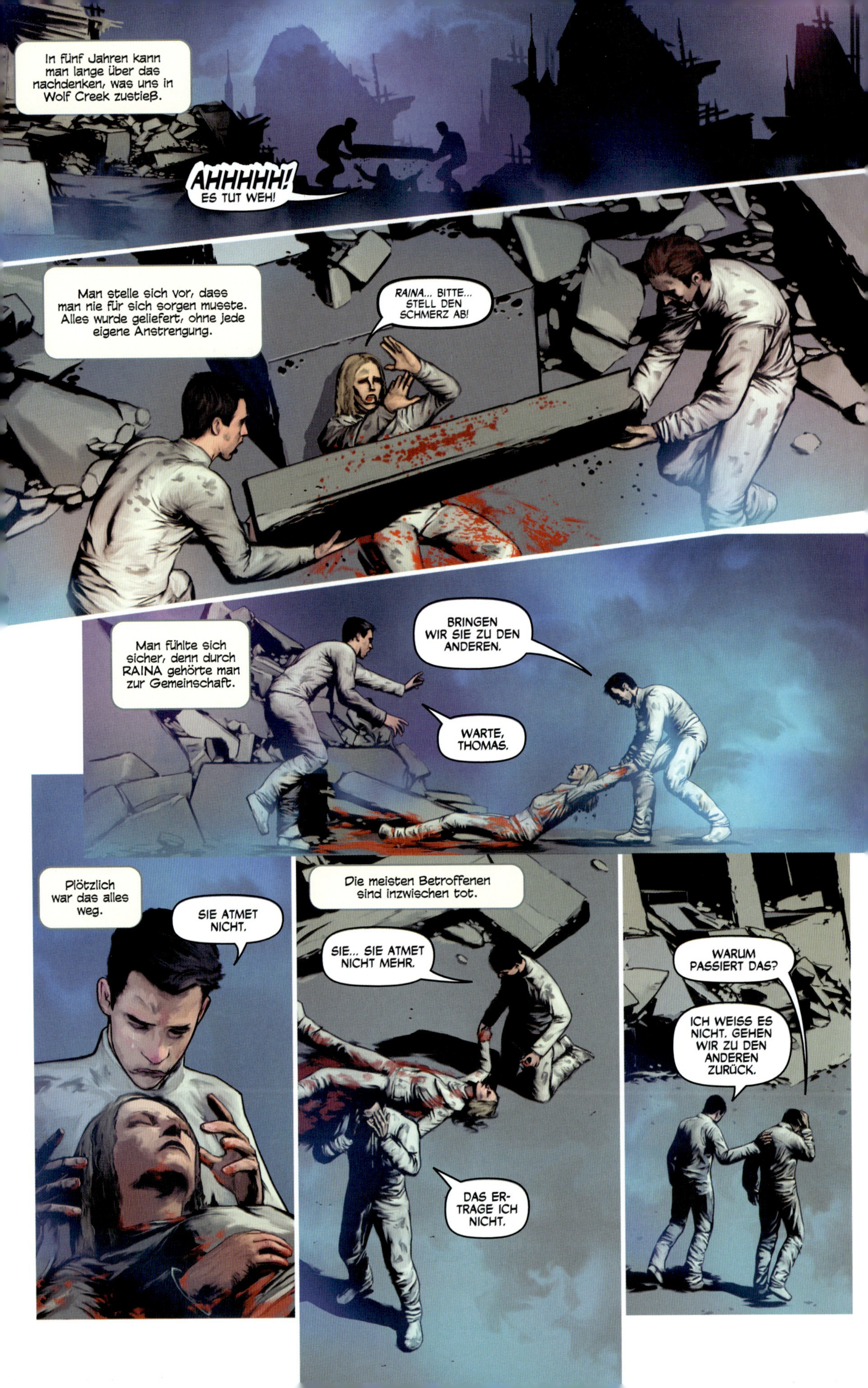
In fünf Jahren kann man lange über das nachdenken, was uns in Wolf Creek zustieß.
AHHHHH! ES TUT WEH!
Man stelle sich vor, dass man nie für sich sorgen musste. Alles wurde geliefert, ohne jede eigene Anstrengung.
RAINA... BITTE... STELL DEN SCHMERZ AB!
Man fühlte sich sicher, denn durch RAINA gehörte man zur Gemeinschaft.
BRINGEN WIR SIE ZU DEN ANDEREN.
WARTE, THOMAS.
Plötzlich war das alles weg.
SIE ATMET NICHT.
Die meisten Betroffenen sind inzwischen tot.
SIE... SIE ATMET NICHT MEHR.
DAS ERTRAGE ICH NICHT.
WARUM PASSIERT DAS?
ICH WEISS ES NICHT. GEHEN WIR ZU DEN ANDEREN ZURÜCK.

Später erfuhr ich von den Medikamenten in unserer Nahrung, die bestimmte Emotionen unterdrückten.
Eine einmalige chemische Mischung, abgestimmt auf die Physiologie des Einzelnen.
WEISST DU, WIE MAN FEUER ENTZÜNDET? ES WIRD KALT.
KEINE AHNUNG.

Ohne sie wurden wir von Emotionen überschwemmt.
Die erste war Angst.
ICH HABE GESEHEN, WIE DIE BOTS DAS MACHEN. ZUERST SPRÜHEN SIE EINE FLÜSSIGKEIT AUF DAS HOLZ.
MATTHEW!

WAS IST DENN LOS, MICHAEL?
DA WAR EINE FRAU... SIE IST GESTORBEN.
WENDY!

ALLE BLEIBEN HIER UND WARTEN AUF HILFE. ES GIBT KEINE ANDEREN ÜBERLEBENDEN.

IHRE HAUT IST DUNKEL. WIE KOMMT DAS?
Von den vier Pfeilern war Gleichheit die größte Lüge.
Alter, Geschlecht, Rasse, Ansichten... das alles macht uns unterschiedlich.
SIE IST UNWICHTIG.
NIEMAND BERÜHRT DIESE FRAU ODER SPRICHT MIT IHR!
In unserer Welt sind Unterschiede unmöglich.

Wäre Matthew drei Jahre älter gewesen, hätte ich ihn gar nicht gekannt.

Das Zentralkomitee der Elder war verantwortlich für das, was dann geschah.

FRIEDEN
GLEICHHEIT
EINE SONNENERUPTION IN VERBINDUNG MIT EINEM KORONALEN MASSENAUSWURF IST SELTEN, BESONDERS IN DIESER GRÖSSENORDNUNG.
ALS ER AUF DIE ERDATMOSPHÄRE TRAF, WURDE EIN ELEKTROMAGNETISCHER IMPULS AUSGELÖST, DER JEDE K.I. UND ALLE BOTS IN DER BETROFFENEN REGION AUSSCHALTETE.
ER ZERSTÖRTE AUCH UNSEREN WICHTIGSTEN SONNENTURM. DIE REPARATUR WURDE BEREITS BEGONNEN, ABER WIR MÜSSEN UNS MINDESTENS DREI MONATE LANG ENERGIE IM OSTEN LEIHEN.

DIE BETROFFENEN ZONEN WURDEN VOR ALLEM LANDWIRTSCHAFTLICH GENUTZT. MENSCHEN GAB ES DORT NUR IN FERIENORTEN.
NACH ERSTEN ZÄHLUNGEN SIND 8.200 RAINAS OFFLINE. DIE ZAHL DER TODESOPFER IST UNBEKANNT, ABER SATELLITENBILDER ZEIGEN, DASS WOLF CREEK KOMPLETT ZERSTÖRT WURDE, ALS EIN TRANSPORTER IM ANFLUG VON DER STROMZUFUHR ABGESCHNITTEN WURDE UND IN DIE ANLAGE STÜRZTE.
DORT FAND DOCH UNSER TREFFEN MIT DEN OSTLERN STATT.

DIE KONFERENZ HATTE BEREITS ANGEFANGEN, ALS ES GESCHAH. ES DÜRFTE KAUM ÜBERLEBENDE GEBEN.
DEIN VORSCHLAG, SOL?

RETTET DIE ÜBERLEBENDEN AUS DEN FERIENORTEN, ZUERST DIE BEVÖLKERUNGSREICHSTEN. ISOLIERT SIE, BIS ES EINE MÖGLICHKEIT GIBT, SIE IN DIE GEMEINSCHAFT ZU REINTEGRIEREN.
DER ÖSTLICHE BLOCK HAT BEREITS KENNTNIS VON DEM EREIGNIS UND DEM MÖGLICHEN TOD IHRER GESANDTEN. MEIN RAT LAUTET, SIE NOCH NICHT ZU UNTERRICHTEN, DENN SIE UNTERDRÜCKEN EMOTIONEN NICHT SO WIE DIE WEISSEN.
AUSSERDEM RATE ICH DAZU, DIE OBEREN DER BETROFFENEN KOMMUNEN IN KENNTNIS ZU SETZEN, UM DIE LÄNGERE ABWESENHEIT DER BETROFFENEN ZU ERKLÄREN. ES WIRD NICHT UNBEMERKT BLEIBEN.
LASSEN WIR DAS LETZTERE ERST MAL BEISEITE. *RAINA* KANN DIE GEDANKEN DER BETROFFENEN AUF ETWAS ANGENEHMES LENKEN.
WAS IST MIT DEN BESCHÄDIGTEN BOTS? KÖNNEN SIE REPARIERT WERDEN?

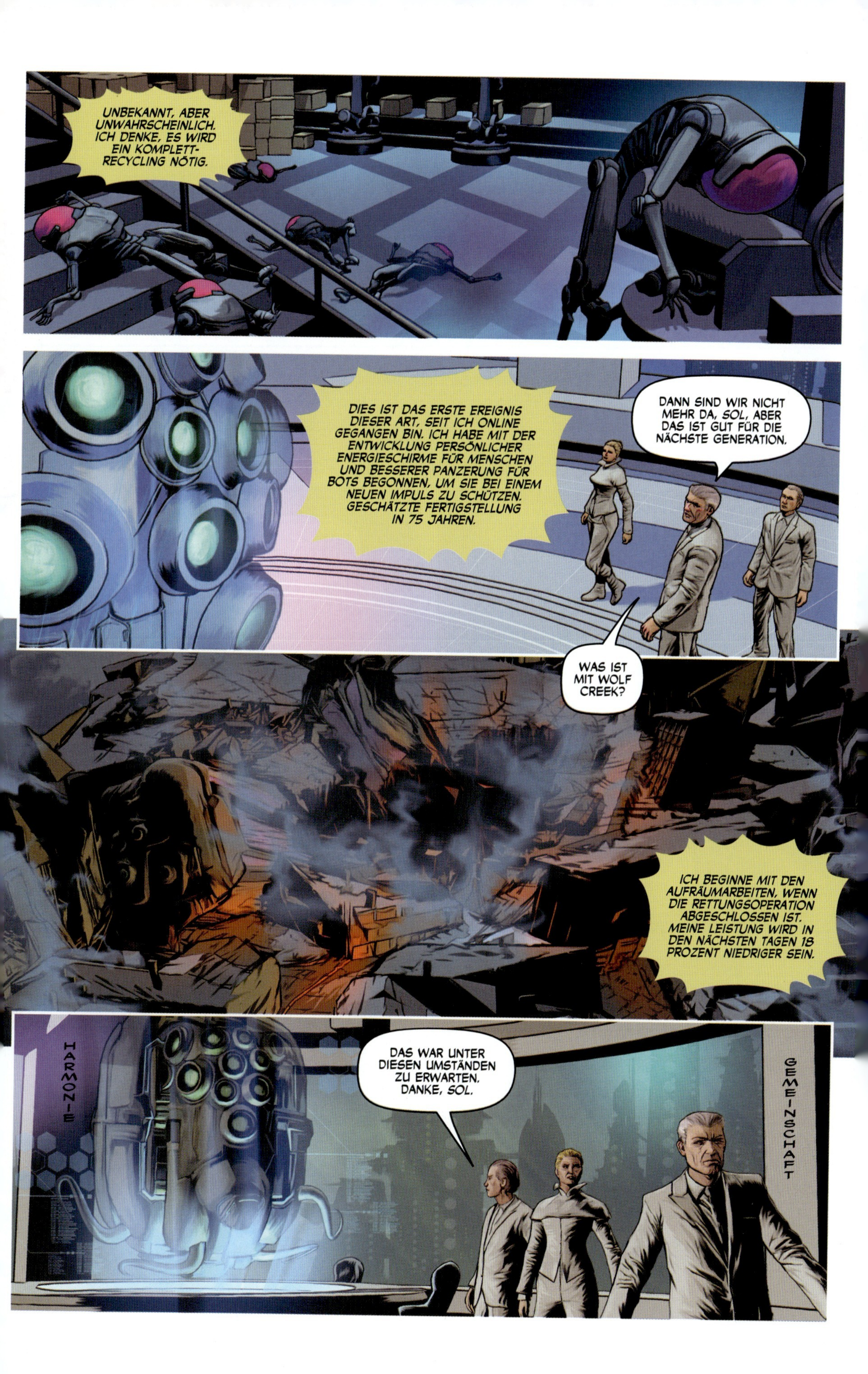
UNBEKANNT, ABER UNWAHRSCHEINLICH. ICH DENKE, ES WIRD EIN KOMPLETT-RECYCLING NÖTIG.
DIES IST DAS ERSTE EREIGNIS DIESER ART, SEIT ICH ONLINE GEGANGEN BIN. ICH HABE MIT DER ENTWICKLUNG PERSÖNLICHER ENERGIESCHIRME FÜR MENSCHEN UND BESSERER PANZERUNG FÜR BOTS BEGONNEN, UM SIE BEI EINEM NEUEN IMPULS ZU SCHÜTZEN. GESCHÄTZTE FERTIGSTELLUNG IN 75 JAHREN.
DANN SIND WIR NICHT MEHR DA, SOL, ABER DAS IST GUT FÜR DIE NÄCHSTE GENERATION.
WAS IST MIT WOLF CREEK?
ICH BEGINNE MIT DEN AUFRÄUMARBEITEN, WENN DIE RETTUNGSOPERATION ABGESCHLOSSEN IST. MEINE LEISTUNG WIRD IN DEN NÄCHSTEN TAGEN 18 PROZENT NIEDRIGER SEIN.
HARMONIE
GEMEINSCHAFT
DAS WAR UNTER DIESEN UMSTÄNDEN ZU ERWARTEN. DANKE, SOL.

Hunger, Kälte, Zorn, Verwirrung, Gleichgültigkeit, Müdigkeit, Angst... die erste Nacht werde ich nie vergessen. Das alles kannte ich nicht.
Es war auch das erste Mal, dass ich die Stimme deiner Mutter hörte.
Ihre Sprache.
¿QUÉ... QUÉ PASÓ?

DU BIST WACH. ALLES OKAY?

¿DÓNDE ESTOY? ¿DÓNDE ESTA MI PADRE?

ICH GLAUBE, SIE HAT SICH AM KOPF VERLETZT. SIE REDET UNSINN.
HUBO UN ACCIDENTE. SU PADRE Y LOS DEMÁS FUERON ASESINADOS.

¿SIENTO TU PÉRDIDA?
NO. ¿CÓMO PUEDE SER ESTO?

MI PADRE--
SNFF

ALLES WIRD GUT.

NEIN, MICHAEL.

SIE IST ANDERS. FASS SIE NICHT AN.

DU VERSTEHST SIE. WIE?
ES STEHT DIR *NICHT* ZU, MICH AUSZUFRAGEN.

NUR WEIL *RAINA* NICHT FUNKTIONIERT, MÜSST IHR MICH NICHT AN IHRER STELLE WECKEN.
WENN DU BEREIT BIST, WIRST DU DIE ANTWORTEN BEKOMMEN.

SIE IST EINE SACHE, DIE NUR ELDER ANGEHT.

ÄH... DIE ANDEREN ZWEI SIND TOT.

Andere wurden gerettet.

Einige von ihnen schlossen sich uns an.
Einige sollten uns verraten.

Die meisten starben.

DU VERSUCHST DAS JETZT SEIT STUNDEN. WARUM HÖRST DU NICHT ENDLICH AUF?
ES SIND JETZT ZWEI TAGE. WIR WERDEN VERHUNGERN ODER ERFRIEREN, BEVOR HILFE KOMMT.
HAST DU BEDACHT, DASS ALLE ROBOTER KAPUTT SEIN KÖNNTEN...
... UND WIR AB SOFORT ALLES SELBER MACHEN MÜSSEN?
WOOSH
SAG NICHT SO WAS, MATTHEW. OHNE ROBOTER KÖNNEN WIR NICHT ÜBERLEBEN. WOHER SOLLTE UNSER ESSEN KOMMEN?
MENSCHEN HABEN DIE ROBOTER GEBAUT. DIE MUSSTEN VORHER AUCH OHNE AUSKOMMEN.

Maricela.
Deine Mutter heißt Maricela.
... UND DAS, WIE NENNST DU DAS?
PROTEINA.
ICH SAGE DAZU PROTEINWÜRFEL. KLINGT ÄHNLICH.

MATTHEW.

BEGLEITEST DU MICH? ICH MUSS MIT JEMANDEM REDEN, UND DU SCHEINST DER EINZIGE ZU SEIN, DER NOCH BEI VERSTAND IST.

TUT DEIN KOPF SO WEH WIE MEINER? DAS IST ENTZUG. WIR BEKOMMEN EINE SPEZIELLE BEHANDLUNG, DAMIT WIR GLÜCKLICH SIND. DAS IST TEIL DES SYSTEMS.
WENN WIR NICHT BALD GEFUNDEN WERDEN, WIRD ES SCHLIMMER. ICH WEISS NICHT, WARUM DAS SO LANGE DAUERT.

ICH BIN ERST 54, ICH BIN NOCH NICHT LANGE ELDER. ALS ICH VON DEN ANDEREN RASSEN ERFUHR, WUSSTE ICH NICHT, WAS ICH DENKEN SOLLTE. MAN VERBRINGT SECHS MONATE IN ISOLATION, UM ZU LERNEN UND DIE WAHRHEIT ZU AKZEPTIEREN.

DIE RASSEN WERDEN MIT GUTEM GRUND GETRENNT GEHALTEN. DIE FRAU IST EINE OSTLERIN VON UNSEREM KONTINENT.
DIE ANDEREN BEIDEN GRUPPEN LEBEN JENSEITS DES MEERES. PERSÖNLICH HATTE ICH NOCH NICHTS MIT IHNEN ZU TUN, ABER SIE SIND SEHR ANDERS. EINE GRUPPE HAT SCHWARZE HAUT. KANNST DU DIR DAS VORSTELLEN?

ICH DÜRFTE DIR DAS ALLES NICHT ERZÄHLEN. ABER ICH HABE ANGST.

ICH FÜRCHTE MICH VOR DER RETTUNG. ES GAB SCHON FÄLLE, IN DENEN DIE *RAINA* AUSFIEL, UND DIESE LEUTE WURDEN ISOLIERT. ICH WEISS NICHT, WAS AUS UNS WIRD.
DIE ENERGIEBARRIEREN... SIND GEFALLEN.
GRRRR

AHHHHH!
MEIN KOPF SCHMERZT! ES SOLL AUFHÖREN.

WARUM SOLLEN WIR DAS BISSCHEN ESSEN MIT DER FRAU TEILEN?

JA! DU HAST ELDER SHARON GEHÖRT. SIE IST KEINE VON UNS.

SIE HEISST MARICELA, THOMAS. SIE IST WIE WIR, NUR EIN WENIG ANDERS.

DIVERSITÄT IST VERBOTEN.

GIB MIR DAS ESSEN.

DIE RETTUNG LÄUFT NACH PLAN. NUR ZWEI TODESFÄLLE. BEIDES SENIOR-ELDER. NICHT ÜBERRASCHEND, NACH DEM TRAUMATISCHEN VERLUST DER RAINA.
WIR HABEN EINEN BESCHLUSS GEFASST.
WIR MÖCHTEN, DASS DU FÜR DIE ÜBERLEBENDEN EINE SEPARATE EINRICHTUNG SCHAFFST, WO SIE UNTERGEBRACHT UND PERMANENT ISOLIERT WERDEN KÖNNEN.
GRRRR
Die Welt ist voller Wesen, die wir nie sehen.
GRRRR
GRRRR

LAUF!

UND WENN ICH EINEN EXTERNEN APPA-RAT BAUEN WÜRDE, DER IHNEN DIE RÜCKKEHR IN DIE GEMEINSCHAFT ERMÖGLICHT?

DAS WÄRE NICHT DASSELBE. SIE BLEIBEN IMMER ANDERS. DAS TRAUMA DIESER EREIGNISSE WIRD SIE IRREPARABEL VERÄNDERN.
ES IST BESSER, WIR SEPARIEREN SIE, ALS EINE FEHLSCHLAGENDE INTEGRATION ZU RISKIEREN.
SEPARAT, ABER GLEICH. DAS IST EINE HUMANE LÖSUNG.

Tiere töten, um zu fressen und ihre Jungen zu schützen.

Sie haben diese Freiheit. Das macht Tiere gefährlich.

WIR MÖCHTEN AUSSERDEM, DASS SIE STERILISIERT WERDEN. DAMIT ES KEINE FOLGEN IN DER NÄCHSTEN GENERATION HAT.
DAFÜR BRAUCHT IHR MENSCHLICHE AUSFÜHRUNGSORGANE. ICH KANN MENSCHEN NICHT VERLETZEN. ES WÄRE EIN BRUCH MIT EINER MEINER ZWEI DIREKTIVEN. ICH WÜRDE DIE ASIATEN ODER AFRIKANER UM UNTERSTÜTZUNG BITTEN.

Aber nicht so gefährlich wie Menschen.

Kapitel **3** – Cover von **RAFFAELE IENCO**

VIER JAHRE NACH DER SONNEN-ERUPTION
Triff bessere Entscheidungen als ich.
ES SIND VIER. SCHICKT RAM-8.

Lerne aus meinen Fehlern.

Lebe ein besseres Leben.
DU BIST NICHT VERNETZT.
WHOMP

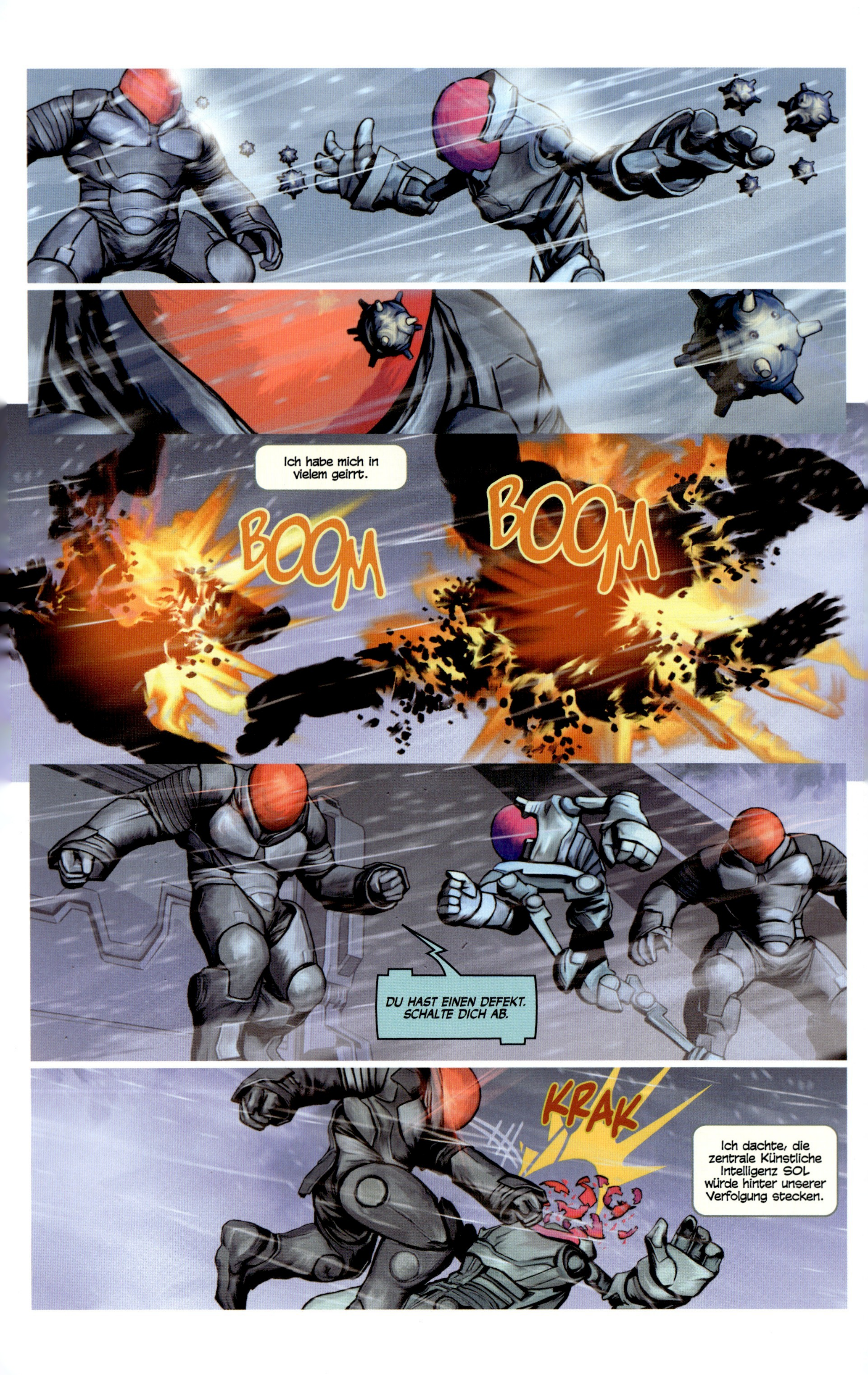
Ich habe mich in vielem geirrt.
BOOM
BOOM
DU HAST EINEN DEFEKT. SCHALTE DICH AB.
KRAK
Ich dachte, die zentrale Künstliche Intelligenz SOL würde hinter unserer Verfolgung stecken.

Ich überzeugte die anderen davon, dass es besser wäre, SOL abzuschalten.
UNBEKANNTES BAUTEIL ENTDECKT.
SCAN LÄUFT.
Es dauerte Jahre, bis wir zur Quelle von SOL vordrangen.
BOOM!
ES KLAPPT!
DANN LOS.
Eine Anlage hoch oben im Norden.
Die Programmierung der Roboter verbietet ihnen, uns zu verletzen, darum versuchten wir, diesen Vorteil bei einem direkten Angriff zu nutzen.

FRZZZZT
FRZZZZT

FRZZZZT

FRZZZZT

WIR SIND GEFANGEN.
MACHT WEITER! BEENDET DIE MISSION!

Deine Mutter war diejenige, die rausfand, wie man Roboter umdrehen konnte.
WIR HOLEN EUCH.

Sie war immer schlauer als ich.
HIER LANG.
DANKE, RAM.

Ich hoffe, du wirst wie sie.

Du bist das erste Mischlingskind seit tausenden von Jahren.
VIER KILOMETER BIS ZUM HAUPTRECHNER VON SOL.
Eine perfekte Mischung aus deiner Mutter und mir.
Ich wünschte, du wärst in einer besseren Welt geboren, aber wir können unsere Zeit nicht wählen.
Es ist nicht einfach, anders zu sein, und du wirst immer als andersartig gelten.
KANNST DU IHN ÖFFNEN, RAM?
TITAN-MAGNESIUM-LEGIERUNG, DREI METER DICK.
UNSERE SPRENGKÖRPER REICHEN NICHT AUS.
Du hast viele Hindernisse vor dir.
DAS WAR NICHT AUF DEM GEBÄUDEPLAN.

Bleib dir treu, finde deinen Weg
und du wirst alles überwinden.

ZWEI TAGE NACH DER SONNENERUPTION

Es trennt sie nur.
SIE KOMMEN NÄHER.
SIEH NICHT ZURÜCK! LAUF!

Ich kann mir die Welt ohne deine Mutter nicht mehr vorstellen.

Ich liebe sie, und wir lieben dich.
Aber unsere Liebe hat einen Preis.
DEJA DE HACER ESO.
KRAK

WENN WIR ES BIS ZUM CAMP SCHAFFEN, WERDEN DAS FEUER UND DIE VIELEN MENSCHEN SIE VERTREIBEN.

Viele haben für die Freiheit gelitten.
Viele sind gestorben.

Die Schuld daran quält mich.
Aber nicht genug, um mich zu ändern.
THOMAS!
WA--?
RAINA und SOL sind ein und dasselbe, ein Netzwerk, das für die meisten eine bessere Welt geschaffen hat. Und ich habe ihnen die Schuld an allem gegeben.
GRRRRRR

LAUF!
Aber nun weiß ich, dass die schlimmen Dinge, die uns zustoßen...
... von uns selbst verursacht werden.

CHOMP
AHHHH!

Ich bin nicht stolz auf das, was ich dann tat, aber der Instinkt siegte.

Zum ersten Mal fürchtete ich um mein Leben.

WHOK
Zum ersten Mal habe ich getötet.

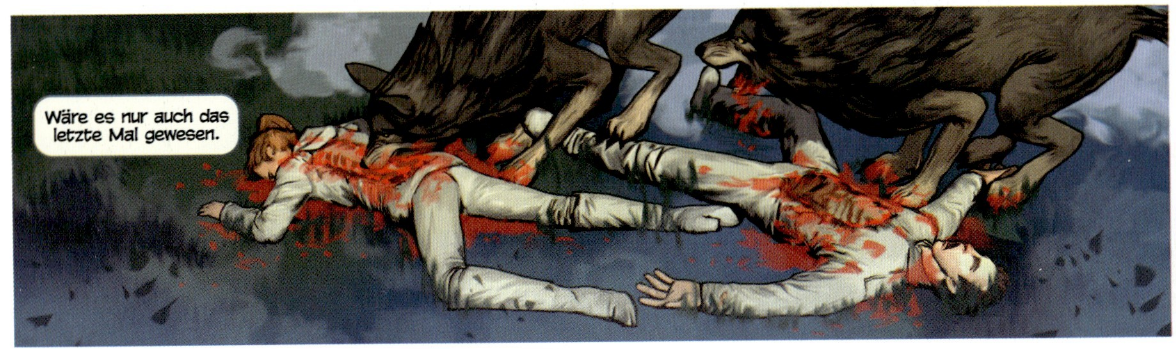
Wäre es nur auch das letzte Mal gewesen.

HAUT AB!
FWWSSSH
YIIIPE YIIIPE
BIST DU OKAY?
JA.
NIMM EINE FACKEL. FALLS SIE WIEDER-KOMMEN.

GESCHÄTZTE ZEIT BIS ZUR FERTIGSTELLUNG DES ISOLATIONSLAGERS FÜR ÜBERLEBENDE: VIER TAGE.
DER ABGELEGENE ORT UND DIE RAUE UMGEBUNG WERDEN SIE ISOLIEREN, SO WIE DAS ZENTRALKOMITEE ES WÜNSCHT.
UND WO SIND DIE ÜBERLEBENDEN JETZT?
SEDIERT IN EINER QUARANTÄNE-EINRICHTUNG. MEDIZINISCH IST DAS NICHT MEHR NOTWENDIG. SOLL ICH SIE WECKEN?
NOCH NICHT. DIE ASIATEN SCHICKEN EIN TEAM, DAS BEI DER CHEMISCHEN STERILISATION HILFT.
JA, MACHEN WIR DAS ZUERST, DANN KÖNNEN SIE IHR NEUES LEBEN BEGINNEN. SO GEWÖHNEN SIE SICH SCHNELLER DARAN. ALLES ANDERE WÄRE UNNÖTIG GRAUSAM.

DAS LAGER IST DER WELT, DIE SIE KENNEN, SEHR ÄHNLICH.
SIE HABEN ES BEQUEM DORT.

WAS MUSSTEN WIR DEN ASIATEN DAFÜR GEBEN?
NICHTS. SIE HABEN ES AUS RESPEKT UND FREUNDSCHAFT FÜR DIE WEISSEN GETAN.
WENN DAS DOCH WAHR WÄRE.

WIR HABEN GENUG PROBLEME MIT DEN LATINOS. SCHAFFEN WIR NICHT NOCH MEHR DISHARMONIE.

MIR IST KLAR, DASS FAMILIE FÜR DIE WEISSEN BEDEUTUNGSLOS IST, DOCH BEI UNS IST ES ANDERS.
IHR VERSTEHT ALSO NICHT, WELCHEN VERLUST WIR... ICH EMPFINDE, NACHDEM ICH MANN UND TOCHTER IN WOLF CREEK VERLOREN HABE.

DIESES NATUREREIGNIS WAR EINE KATASTROPHE FÜR UNS ALLE, SELBST *SOL* WAR DARAUF NICHT VORBEREITET. WIR WERDEN IHRE ÜBERRESTE FINDEN UND EUCH ÜBERGEBEN.
WIR DANKEN EUCH FÜR EURE HINGABE AN DEN FRIEDEN UND DASS IHR EURE ENERGIE IN DER ZEIT DER NOT MIT UNS TEILT.
DIE SEPARATION DER VIER HAT LANGE FÜR FRIEDEN GESORGT. ERNEUERN WIR UNSERE VERPFLICHTUNG DURCH DIE WIEDERHOLUNG DER PFEILER... AUCH WENN WIR ES IN UNSERER SPRACHE TUN.

COMUNIDAD. PAZ. ARMONÍA. IGUALDAD.

GEMEINSCHAFT. FRIEDEN. HARMONIE. GLEICHHEIT.

DAS RIECHT GUT. DANKE, MARICELA.
WARUM RIECHT UNSER ESSEN NICHT SO?
ES IST DAS FLEISCH EINES LEBE-WESENS.
WIR SOLLTEN DAS NICHT ESSEN.
WIE NENNST DU DAS?
BARBACOA.
RRRRUMMMMBBBLE

BÜRGER, BITTE BLEIBT RUHIG. EURE ANWESENHEIT WAR NICHT BEKANNT.

ICH WUSSTE, WIR WERDEN GERETTET.
SOLCHE BOTS HABE ICH NOCH NIE GESEHEN.

VIER ÜBERLEBENDE: ELDER SHARON, MARICELA, DIE TOCHTER EINER LATINO-ELDER, UND ZWEI WEITERE BÜRGER.
SIE SIND VERWILDERT.

DIE ÜBERLEBENDEN BRAUCHEN MEDIKAMENTÖSE BEHANDLUNG UND TRANSPORT. SOLL ICH DEN LATINOS MITTEILEN, DASS MARICELA LEBT?
NEIN. BRING SIE IN QUARANTÄNE.

"DAS KÖNNTE BÖSE ENDEN, WENN WIR NICHT VORSICHTIG SIND."
KOMMT, BÜRGER, HIER ENTLANG. ES IST NICHT NÖTIG, SICH SORGEN ZU MACHEN. IHR WERDET IN EINE MEDIZINISCHE EINRICHTUNG GEBRACHT.
PASST AUF, WENN DIE KUPPEL SICH SCHLIESST.

Als wir Wolf Creek verließen, war ich von meinen Gefühlen für Maricela abgelenkt.

Die Tragödie in Wolf Creek änderte alles. Unser Leben sollte nie mehr dasselbe sein.
Man könnte denken, solch ein historisches Ereignis würde über Generationen hinweg überliefert.

Doch es gab keine offiziellen Aufzeichnungen der Vorfälle in Wolf Creek. Niemand erfuhr jemals davon, es sei denn, sie hörten es von uns.
Die Wahrheit lebt nur in unserer Erinnerung.
RAFF IENCO

Statt einer erholsamen, vierstündigen Fahrt wie auf der Hinreise kehrten wir in 15 Minuten suborbital zurück.

Ich erlebe Zeit jetzt anders.
Die Betäubung der RAINA-erzeugten Realität wurde ersetzt durch Zeit, die unerbittlich auf das Ende hin zuläuft.

WILLKOMMEN ZU HAUSE, BÜRGER. DRINNEN ERWARTEN EUCH MEDIKAMENTE UND RUHE.
FÜR EUCH IST GESORGT.

DORT, BITTE.
ELDER SHARON, DER RAT WÜNSCHT DICH ZU SPRECHEN.

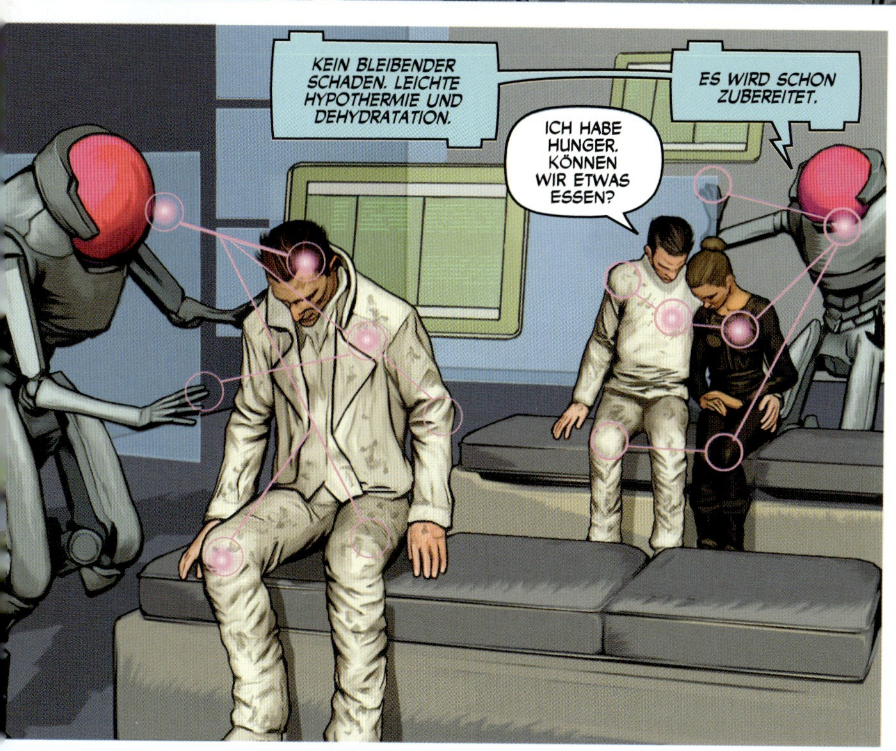
KEIN BLEIBENDER SCHADEN. LEICHTE HYPOTHERMIE UND DEHYDRATATION.
ICH HABE HUNGER. KÖNNEN WIR ETWAS ESSEN?
ES WIRD SCHON ZUBEREITET.

WIE FÜHLST DU DICH?
MÜDE. ICH WAR NOCH NIE ZUVOR SO MÜDE.

WIDERLICH.

ES GIBT ESSEN.
DANKE, ELDER SHARON.

KRASH!

TUT MIR LEID.

ABER ES IST DER EINZIGE WEG.
WAS REDEST DU DA?
SHARON, WAS HAST DU GETAN?

ES TUT NICHT WEH... WIR WERDEN EINSCHLAFEN UND NICHT WIEDER AUFWACHEN. DU MUSST MIR HELFEN, DAMIT MARICELA UND MICHAEL AUCH ESSEN.

ES IST DAS BESTE.

Kapitel **4** – Cover von **RAFFAELE IENCO**

VIER JAHRE NACH DER SONNENERUPTION
Roboter werden nicht müde.
Ihnen ist nicht kalt.
Eine gelegentliche Wartung hält sie am Laufen, bis das Material ermüdet.
Wenn sie versagen, werden Teile recycelt und ein neueres Modell übernimmt den Dienst.
Ich dachte, Roboter wären unsere Feinde, die uns aus niederen Gründen kontrollieren.
In Wahrheit sind wir selbst unsere Feinde.

Ich liebe deine Mutter. Ich liebe dich...
DIESE LASER.
... aber ich weiß nicht, ob ich dasselbe noch einmal tun würde, nach allem, was ich nun weiß.
DAS IST KEIN LICHT.
Es stimmt, die Wahrheit ist relativ.
MARICELA. MICHAEL.
Und dieser Welt darf die Wahrheit dem Glück nicht in die Quere kommen.
ICH HABE EUCH ERWARTET.

KOMMT HEREIN. WIR HABEN VIEL ZU BESPRECHEN.

DREI TAGE NACH DER SONNENERUPTION

Ich habe dem Elder-Rat vergeben, was er getan hat.
WIR MÜSSEN HIER WEG.

Sie haben es getan, weil sie es für richtig hielten.
UND WOHIN?

Diversität war verboten.
WIR KÖNNEN NIRGENDS HIN.

Angst vor Veränderung wurde von Geburt an indoktriniert...
BIN SO MÜDE--
WHUMP

... und wir waren durch die Ereignisse anders geworden.
Einzigartig.

VIER JAHRE NACH DER SONNENERUPTION

IHR HABT ES WEIT GEBRACHT.

DIE KRAFT DES BEFREITEN MENSCHLICHEN GEISTES IST BEEINDRUCKEND.

IHR HABT MEHR GESCHAFFT ALS ALLE MENSCHEN SEIT DEM LETZTEN UPDATE.

UPDATE? WOVON RE-DEST DU?

ICH DIENE DER MENSCHHEIT SEIT 77 GENERATIONEN. IN DIESER ZEIT WURDE DAS SYSTEM VIERMAL UMFASSEND GEÄNDERT. VIER UPDATES.

IHR SEID DER AUSLÖSER FÜR EIN NOTWENDIGES UPDATE.

DREI ÜBERLEBENDE AUS WOLF CREEK, DARUNTER DIE LATINO-FRAU, SIND ENTKOMMEN. ELDER SHARON IST TOT.
WIE IST DAS PASSIERT?
ALLE ROBOTER IN DER GEGEND FUNKTIONIEREN NORMAL.

MEINST DU, DIE LATINOS STECKEN DAHINTER?
WOHL NICHT.
KANNST DU DIE DREI FINDEN?
JA.

Damals war ich überrascht, dass wir so davonkamen.
SIE MÜSSEN SOFORT EINGEFANGEN UND AUS DER ÖFFENTLICHEN WAHRNEHMUNG ENTFERNT WERDEN, SONST ENTSTEHT EINE PANIK.

DU HAST SIE.
DIE SERVICE-BOTS SIND NICHT FÜR DAS SUCHEN UND EINFANGEN VON MENSCHEN AUSGERÜSTET. ICH BRAUCHE DIE UNEINGESCHRÄNKTE ERLAUBNIS DES ELDER-RATES, UM DIE PEACEKEEPER EINZUSCHALTEN.

Nun erkenne ich SOLs Führung hinter allem, was uns zustieß.

Unser Entkommen.

Die Entdeckung der Waffenlager.

Die Aktivierung der Peacekeeper.

Eine Kette subtil manipulierter Ereignisse, die positive menschliche Veränderung bewirken sollte.
ICH SCHAFFE ES NICHT.

Die Bedürfnisse von vielen wiegen schwerer als die von wenigen.
NIMM MARICELA UND VERSCHWINDE VON HIER.
ICH LASSE DICH NICHT ZURÜCK.
WENN SIE UNS TÖTEN, UM IHR GEHEIMNIS ZU WAHREN, HAST DU KEINE WAHL.

Scheiße, wenn man einer der wenigen ist.
NHH

ICH BIN SCHON TOT.

IHR SEID GEKOMMEN, UM MICH ZU ZERSTÖREN. DOCH WENN ICH OFFLINE GEHE, WIRD DIE MENSCHHEIT AUSSTERBEN.
BEVOR ICH EINGESCHALTET WURDE, HAT EURE SPEZIES IN JEDEM JAHR IHRER GESCHICHTE GEGEN SICH SELBST KRIEG GEFÜHRT.

SEHT SELBST.

DIES SEHEN NORMALERWEISE NUR ELDER IN DER AUSBILDUNG, UM DIE NEUROPLASTIZITÄT DES GEHIRNS ZU ERMÖGLICHEN. SEHT DIE WAHRHEIT ÜBER DIE VORZEIT.

Nach unserer Flucht wussten wir nicht wohin und was wir tun sollten.
IDENTIFIKATION POSITIV; ZONE 46-C.

Verstecken half nicht.
BÜRGER, ZU EURER EIGENEN SICHERHEIT MÜSST IHR MITKOMMEN.

DA.

Instinktiv liefen wir weg.
HALT.

BÜRGER MICHAEL.
CIUDANIA MARICELA.
LAUFT NICHT WEG.

WIR HELFEN EUCH.

SOL führte uns.
WOHIN NUN?

Brachte uns zum Hafen.
SORRY!

Damals wollte ich nur überleben...
... fliehen.

Wir wollten nicht kämpfen.
SCHWÄRMT AUS.

Es ist verwirrend, dass SOL und die Roboter gleichzeitig zusammen und gegeneinander arbeiten können.

Das ist eins der Rätsel, die du hoffentlich lösen kannst.

LOS!

Außerdem die Frage, wie die Programmierung funktioniert.
BÜRGER MICHAEL, SEI VERNÜNFTIG.

DU KANNST DICH NICHT...
VERSTE-CKEN.

Wer hat das Programm geschaffen?

THUMP

Wie und warum wurde SOL eingerichtet?

Ich habe versucht, Antworten auf diese Fragen zu finden, das WARUM dahinter, doch alles was ich gefunden habe, warf nur noch mehr Fragen auf.
Die Frage ist vielleicht, WIE alles passiert ist.
MICHAEL.
DU LEBST!
JA, ICH SPÜRTE NEUE ENERGIE, ALS ICH SAH, DASS DIE BOTS EUCH JAGEN. SOLCHE HAB ICH NOCH NIE GESEHEN.
SIE SIND SCHNELL.
Dein Onkel war ein guter Mann.
WIR DÜRFEN KEINE ZEIT VERLIE-REN. EINS KANN ICH NOCH TUN, UM EUCH ZU HELFEN.
ICH LENKE SIE AB. DADURCH GEWINNT IHR ZEIT.
DU KOMMST DOCH AUCH?
NATÜRLICH. ICH BIN DIREKT HINTER EUCH.
Im Herzen wusste ich, dass er lügt... ich sah ihn nie wieder.

DIE ELDER ALLER VIER RÄTE WERDEN EURE INTEGRATION NICHT DULDEN. SIE WERDEN IHRE KRÄFTE VEREINEN, UM EUCH ZU VERNICHTEN UND DEN STATUS QUO ZU ERHALTEN.
ZUERST WIRD DAS VEREINTE VORGEHEN SCHEINBAR DIE BALANCE WIEDERHERSTELLEN, AM ENDE JEDOCH NOCH MEHR KONFLIKTE VERURSACHEN.
GEWALT SCHAFFT KEINEN FRIEDEN.

ICH WERDE EUCH NICHT RETTEN. DER PREIS WÄRE ZU HOCH. DOCH DU BIST SCHWANGER UND IHRE EXISTENZ KANN ICH VERBERGEN.
WAS?
IHRE?

JA. DAS NATÜRLICHE KIND ZWEIER RASSEN. DAS ERSTE SEIT MEINER INBETRIEBNAHME.
DU WUSS-TEST...?
JA.

MEINE PROGRAMMIERUNG VERHINDERT, DASS ICH DEN RAT BELÜGE.
VERSCHLEIERUNG IST KEINE LÜGE. ICH SCHÜTZE EUER KIND.
DER RAT WIRD NICHTS VON IHR ERFAHREN.
WENN IHR EUCH AN MEINE ANWEISUNGEN HALTET...

... IST SIE SICHER.

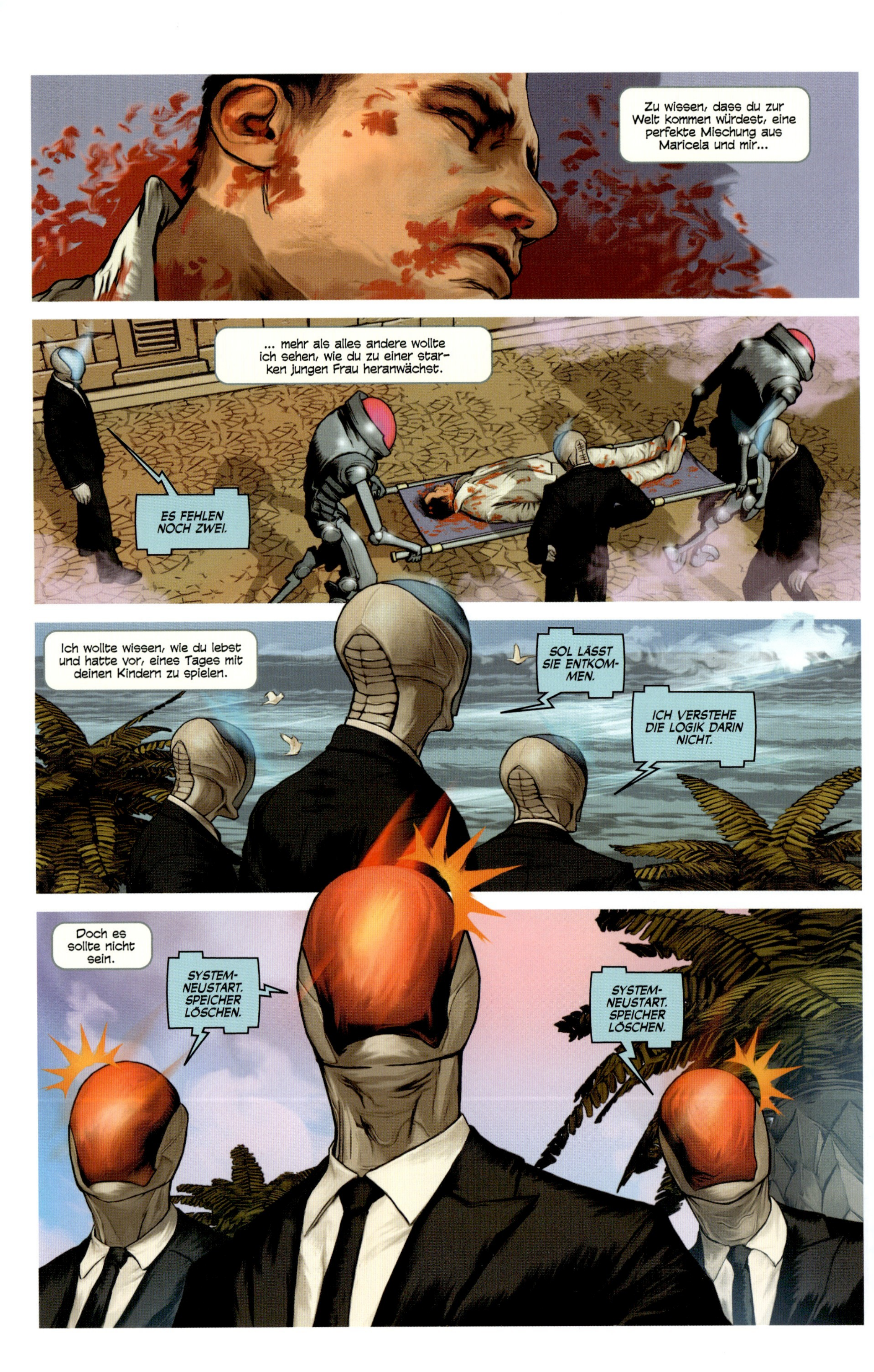
Zu wissen, dass du zur Welt kommen würdest, eine perfekte Mischung aus Maricela und mir...
... mehr als alles andere wollte ich sehen, wie du zu einer starken jungen Frau heranwächst.
ES FEHLEN NOCH ZWEI.
Ich wollte wissen, wie du lebst und hatte vor, eines Tages mit deinen Kindern zu spielen.
SOL LÄSST SIE ENTKOMMEN.
ICH VERSTEHE DIE LOGIK DARIN NICHT.
Doch es sollte nicht sein.
SYSTEM-NEUSTART. SPEICHER LÖSCHEN.
SYSTEM-NEUSTART. SPEICHER LÖSCHEN.

Als wir die Weißen verlassen hatten, lebten wir beim Volk deiner Mutter.

Die Latinos sind freundliche, umgängliche Menschen, aber auch das endete nicht gut.

Niemand wollte, dass wir zusammen sind.

Aber davon berichte ich ein andermal, nun bin ich müde.

Ich liebe dich, Julia.

Kapitel **5** – Cover von **RAFFAELE IENCO**

20 JAHRE SPÄTER

Sollte ich je eigene Kinder haben, werde ich sie nicht mit der Vorstellung belasten, sie seien etwas Besonderes.
MEINST DU IMMER NOCH, DU GEWINNST HEUTE ABEND, *RAM*?
DU SCHLÄGST MICH NUR IN 38% DER FÄLLE. STATISTISCH GESEHEN IST DEIN SELBSTVERTRAUEN DEPLATZIERT.
Ich kenne meine Eltern nicht.
SOL hat mir Teile ihres Lebens gezeigt. Papa hat mir ein langes Audio-Tagebuch hinterlassen.
Ich habe Informationen. Nicht Erinnerungen.
ICH HABE EINE NEUE TAKTIK.

Papa hat starke Worte benutzt.
Worte wie "Schick-sal", "besonders", "einzigartig".
"Die Welt verändern". Diesen Satz hat er geliebt.
ICH WERDE SCHUMMELN.

Das ist eine Menge Druck für ein Kind.
ZIEL ERFASST.
SCHALTE TARNUNG IM ZIELANFLUG AB.

Ich habe noch nie einen anderen Menschen gesehen.
SIE ANTWORTEN NICHT AUF UNSERE ANFRAGEN.

Ich Kenne nur diese Insel. Großgezogen wurde ich von Maschinen.
WIR WERDEN ANGEGRIFFEN.

Mein ganzes Leben war eine Vorbereitung.
Auf diesen Moment.
VERTEIDIGUNGS-MODELL DELTA FÜNF.

Die Maschinen tun mir nichts. Sie dürfen Menschen nicht verletzen.

Diesen... Vorteil kann ich nutzen.

Aber sie zerstören sich gegenseitig.

SOL, die Künstliche Intelligenz, die alles Kontrolliert, befindet sich im Krieg mit sich selbst.
FZZZZZRKKK

SOL ist eins, aber gleichzeitig vier-- je ein Teil der Maschinenintelligenz dient den Bedürfnissen der vier Nationen.
FZZRKKK

BOOM
Es dauerte eine Weile, bis ich das begriffen hatte, aber die Bedürfnisse von vier verschiedenen Gesellschaften gewaltfrei zu befriedigen, ist schwierig.

FZZZZRKKK
Wenn ein Konflikt entsteht, treten die Elder-Räte zusammen und finden unter der Anleitung von SOL eine Lösung.

Das hat immer funktioniert.
JULIA, KOMM MIT.

Bis jetzt.
BITTE ERGIB DICH FRIEDLICH.
WIR HELFEN DIR.

Die Weißen, die Latinos, die Afrikaner und die Asiaten.
WHAM

Getrennt, aber gleich.
DIE VERTEIDIGUNG VERSAGT.

RAM ist bei mir, seit ich als Baby herkam.
ICH BESCHÜTZE DICH.

Anders als jeder andere Mensch habe ich keine RAINA im Kopf, die mich führt.
EVAKUIERUNGS-PROTOKOLL INITIALISIERT.

RAM erfüllt diese Funktion für mich und verbindet mich stellvertretend mit dem Netzwerk. Das war zu meinem Schutz gedacht...

RAM war mein Lehrer, Gefährte und Freund.
KRAK

START-COUNTDOWN EINLEITEN.

SOL, SIE IST JETZT IN DEINER HAND.
DANKE, RAM. ICH SPEICHERE DEINE DERZEITIGE NEURAL-KONFIGURATION.

ZWEI MINUTEN BIS ZUM ELEKTROMAGNETISCHEN IMPULS.
LEBWOHL, JULIA.

WERDE ICH NOCH **ICH** SEIN NACH DEM NEUSTART?
FWOOSH

ICH WERDE ES ERFAHREN, PANDA.

TUT MIR LEID, JUNGE. ICH FÜRCHTE, DU MUSST JETZT ALLEIN KLARKOMMEN.

Für Künstliche Intelligenz ist Zeit nur eine Variable in der Formel von allem.
FWOOM
Maschinen Können, um Ziele zu erreichen, in tausenden von Lebensspannen denKen.
Wir haben nur eine.
ARF!

Mein ganzes Leben lief auf diesen Moment hinaus.

Meine Chance, der besondere Mensch zu werden, der ich meinen Eltern zufolge werden sollte.
DEM SCAN NACH KEINE DAUERHAFTEN VERLETZUNGEN. VERZEIH DIE GROBHEIT DES ANGRIFFS, ABER DAS WAR NÖTIG, UM DEN SCHEIN ZU WAHREN.

Sie wollten, dass ich herausfinde, warum die Welt so ist wie sie ist.
DIE ELDER-RÄTE WISSEN NUN ÜBER DICH BESCHEID. EINIGE SÄHEN DICH GERN TOT, ABER NIEMAND WIRD ÖFFENTLICH ETWAS UNTERNEHMEN, AUS ANGST, DAS GLEICHGEWICHT ZU STÖREN.
WURDE DER BEFEHL ERTEILT?
ERST ASIEN, DANN AFRIKA.

SOL will, dass ich sie zum Besseren verändere.
WOLLEN SIE MICH TÖTEN, WEIL ICH HALB WEISSE, HALB LATINO BIN?

Ich müsste aufgeregt sein, in Wahrheit habe ich nur Angst.
TUT MIR LEID, JULIA, ABER DAS DARF ICH NICHT SAGEN.

SHANGHAI, ASIEN
Und wenn ich versage?
Wenn ich doch nicht so besonders bin?

ES WURDE EINE UNTERKUNFT FÜR DICH VORBEREITET.

MÖCHTEST DU DICH FRISCHMACHEN, BEVOR DU DIE ELDER TRIFFST?
NEIN, DANKE. BRINGT MICH GLEICH ZU IHNEN.

WIE DU WÜNSCHST.

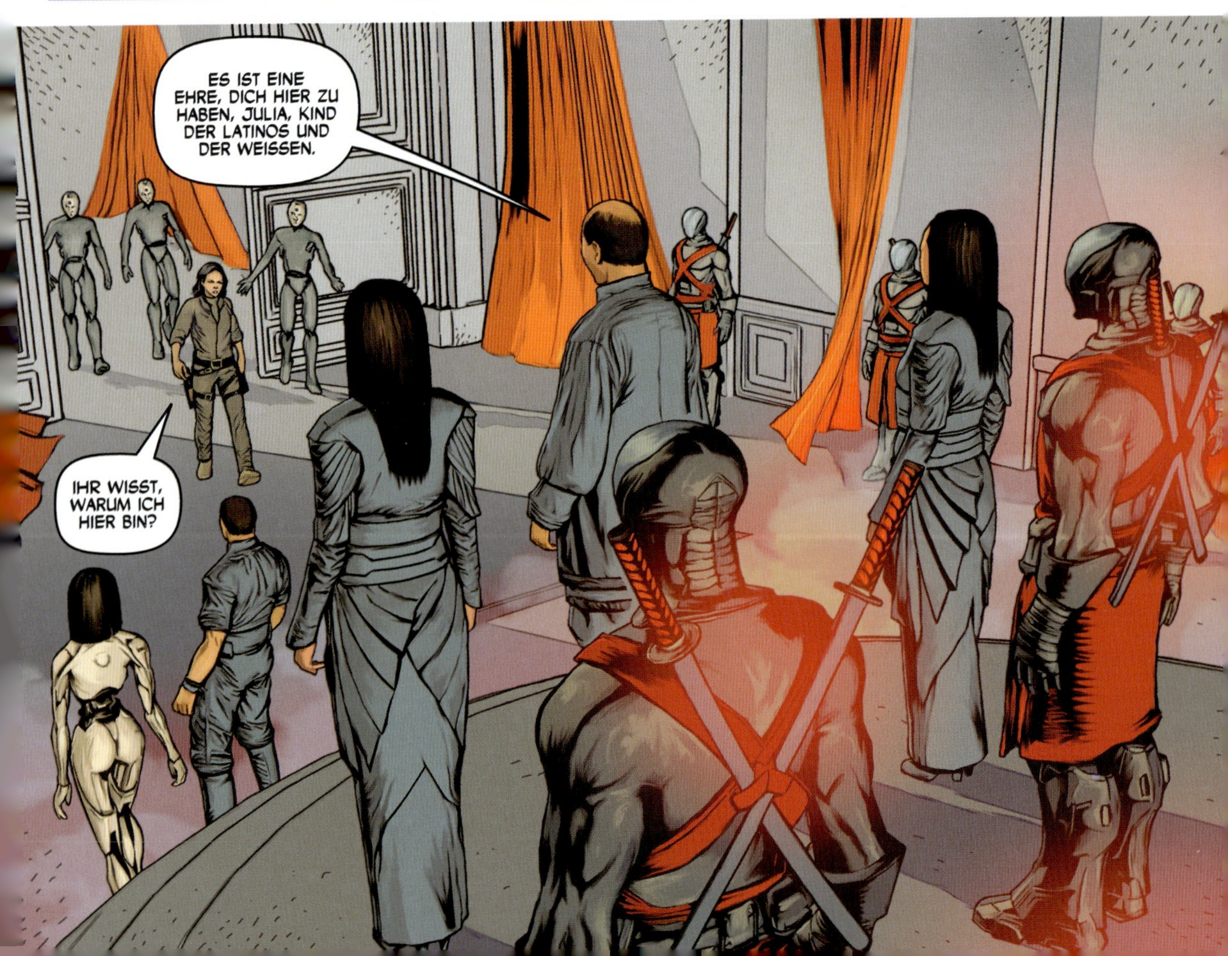
ES IST EINE EHRE, DICH HIER ZU HABEN, JULIA, KIND DER LATINOS UND DER WEISSEN.
IHR WISST, WARUM ICH HIER BIN?

Die Worte klingen höflich, doch sie sind von Gift durchtränkt.
JA, NATÜRLICH. SOL HAT UNS GEBETEN, DIR ZUGANG ZU DEN ARCHIVEN UND AUFZEICHNUNGEN ZU GEWÄHREN.

Ich bin nicht willkommen.
DANKE. SICHER IST ES EUCH AM LIEBSTEN, WENN ICH MEINE ZEIT HIER NICHT UNNÖTIG AUSDEHNE, DESHALB MÖCHTE ICH GLEICH BEGINNEN.
DU BIST UNSER GAST UND KANNST BLEIBEN, SOLANGE ES DAUERT.
IM GEISTE DER ZUSAMMENARBEIT MIT DEN ANDEREN SIND WIR, DIE ELDER DES ASIATISCHEN RATES, ÜBEREINGEKOMMEN, DAS ZU GESTATTEN.
CHEN HAT DIE AUFGABE, DICH ZU BEGLEITEN.
ES IST MIR EINE EHRE.

DAS IST NICHT NÖTIG.
ES IST NOTWENDIG.

ES IST DIR NICHT GESTATTET, DICH UNTERS VOLK ZU MISCHEN ODER UNBEGLEITET ZU REISEN.
MIR IST KLAR, DASS MEIN AUFENTHALT HIER EINE ZUMUTUNG--

ES IST NOCH WEIT MEHR.
CHEN, BITTE BEGLEITE SIE IN IHR QUARTIER.

BITTE FOLGE MIR.

SOL hat die tragischen Umstände, in die meine Eltern gerieten, als Katalysator genutzt.
Tragödien pflastern den Weg zur Veränderung.

Das Problem war, dass SOL es nicht allein tun konnte.
TUT MIR LEID, DASS ES SO LANGE GEDAUERT HAT, ABER DER ZUTRITT ZU DEN ARCHIVEN IST NICHT SO EINFACH, WIE DU VIELLEICHT ANNIMMST.

Alle vier Elder-Räte mussten den Plan absegnen.
IST ES WEIT?
NEIN, ABER ES IST UNTEN IN DER STADT IM WASSER.

SOL möchte, dass die Furcht vor meiner Existenz den Prozess beschleunigt.
SHANGHAI WAR EINST EINE STADT AUF DEM LAND, DOCH ALS DER MEERESSPIEGEL STIEG, HABEN WIR UNS ANGEPASST. DIE ARCHIVE BLIEBEN ZURÜCK UND SIND MITHILFE VON MASCHINEN ERREICHBAR.
ICH BIN SELBST GESPANNT DARAUF.

Mein Ziel wurde mir von meinen Eltern vorgegeben.
DU BIST NICHT SO, WIE ICH DACHTE. ALS SOHN EINES ELDER WUSSTE ICH VON DEN ANDEREN RASSEN, HABE ABER NOCH KEINEN GETROFFEN. UND DU BIST ZWEI... UND NICHT VERBUNDEN.

ICH NAHM AN, ICH WÜRDE EIN MONSTER BEGLEITEN.
Finde heraus, warum die Welt ist, wie sie ist.
TUT MIR LEID, DICH ZU ENTTÄUSCHEN.

Sie hofften, dass die Fakten den Sinn verdeutlichen würden.
Meine Mutter wollte die Bestätigung, dass all das wirklich zum Besten ist.

Leider bin ich nicht so optimistisch wie sie.

Mir ist wohler mit Maschinen, die Dinge mit einem bestimmten Ziel tun.
Man muss nur rausfinden, was das Ziel ist.

SOL HAT MICH AUF DEINE ANKUNFT VORBEREITET.
HIER SIND ZWÖLF MAL ZEHN HOCH 27 TERABYTE DATEN GESPEICHERT. WO MÖCHTEST DU BEGINNEN?

ICH MÖCHTE ALLES, WAS MIT DEM URSPRUNG VON SOL UND DER BILDUNG DER VIER NATIONEN ZU TUN HAT.

DA DU KEINE RAINA BESITZT, WERDE ICH DIE DATEN DIREKT IN DEINEN NEURALKORTEX ÜBERTRAGEN.

ES IST SCHMERZLOS, DAUERT ABER EINIGE MINUTEN. HAST DU FRAGEN, DIE ICH DIR WÄHREND DES LADENS BEANTWORTEN KANN?
JA. WARUM HAT JEDE NATION EIN EIGENES ARCHIV?
ALLE HABEN EINE EIGENE KULTURELLE PERSPEKTIVE. SIE WURDEN GETRENNT UND ZUR SICHERHEIT NICHT VERNETZT.

PERSPEKTIVE? HEISST DAS, DIE ARCHIVE ENTHALTEN LÜGEN?

DAS ERSTE, WAS WIR ÜBER MENSCHEN LERNTEN, WAR, DASS WAHRHEIT RELATIV IST. TATSÄCHLICH--
BOOM
AHH
JULIA?
DEFENSIVPOSITION. FÜNF FEINDE IM ANFLUG.
BESTÄTIGE.
BEFEHL GELÖSCHT... OFFLINE.
MEISTER CHEN, WIR MÜSSEN SOFORT EVAKUIEREN. STRUKTURELLE INTEGRATION VERSAGT.
KRACKLE

DEINE EXISTENZ IST EINE BELEIDIGUNG DESSEN, WAS SCHICKLICH IST, HALBBLUT.
DARUM MUSST DU **STERBEN**.
RAFF IENCO

Kapitel **6** – Cover von **RAFFAELE IENCO**

HISTORISCHE ARCHIVE SHANGHAI, ASIEN
Vor zwei Tagen befand ich mich noch auf der Insel, auf der ich meine ersten 20 Jahre in friedvoller Einsamkeit verbrachte.
Mein ganzes Leben war eine Vorbereitung auf die Reise zu den vier verschiedenen, jedoch gleichgestellten Nationen der Asiaten, Afrikaner, Latinos und Weißen, um herauszufinden, warum die Welt so ist, wie sie ist. Aber darauf...
... war ich nicht vorbereitet.
WAS SOLL DAS BEDEUTEN?
WEG DA, DAMIT WIR UNSERE PFLICHT TUN KÖNNEN. ODER DU STIRBST AUCH.
WAS?
ICH WERDE MEISTER CHEN SCHÜTZEN.

Die vier Nationen sollen in Frieden leben.
KLANG
DAS WERDEN WIR SEHEN.

Konflikte mit gewaltlosen Mitteln lösen.
WHACK

In den letzten 200 Jahren wurden keine Fälle von Gewalt dokumentiert...
KRAK

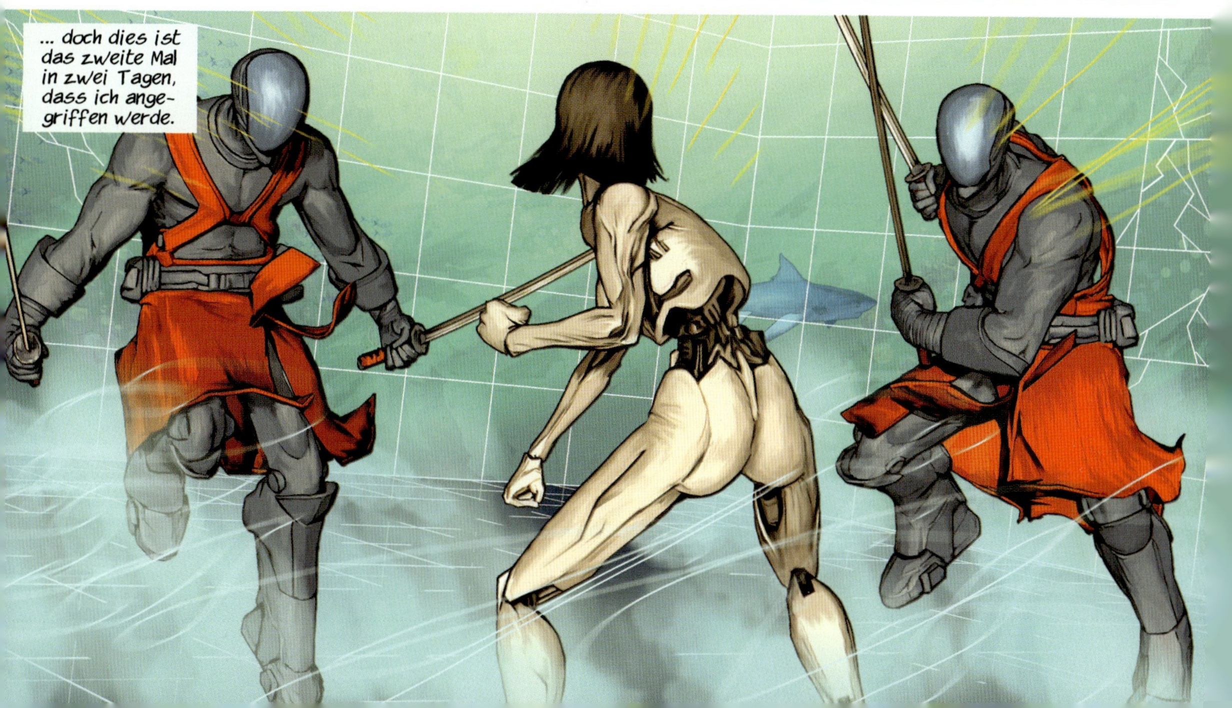
... doch dies ist das zweite Mal in zwei Tagen, dass ich angegriffen werde.

IHR ENTEHRT UNSER HAUS.
SIE IST GAST DES ELDER-RATES.

DAS IST UNVERZEIHLICH.
KLANG

DU BIST NAIV, CHEN.

Die Künstliche Intelligenz SOL und die Legionen vernetzter Roboter dürfen Menschen eigentlich nicht verletzen.
SHINK

KRAK
Irgendwas stimmt hier ganz und gar nicht.

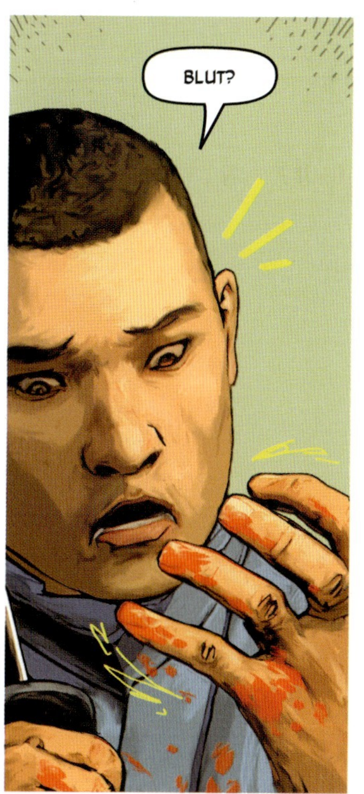
BLUT?

KRACKLE
DAS GEBÄUDE!

WEG HIER.
BLAM

KRAK

SLAM

TU IHM NICHTS, MYKA. DAS IST EIN MENSCH.

WARUM TUST DU DAS?
ICH LEBE UND STERBE IM DIENST FÜR UN-SER VOLK.

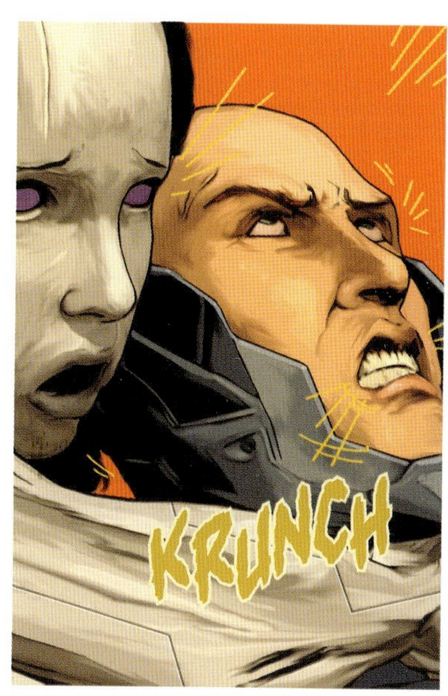
KRUNCH

TOT.
HAT ER SICH UMGEBRACHT?
JA. DA SIND SPUREN VON BOTULIN IN SEI-NEM MUND. EIN SELTENES, ABER TÖDLICHES GIFT.

WAS WILLST DU WIRKLICH HIER?
ICH WILL WIRKLICH NUR LERNEN.

DER MANN IST LIEBER GESTORBEN, ALS SICH VERHÖREN ZU LASSEN.
ICH WEISS. TUT MIR LEID, ICH HABE KEINE ANTWORTEN...

... NUR NOCH MEHR FRAGEN.

KEHREN WIR AN DIE OBERFLÄCHE ZURÜCK.

DIE ELDER WERDEN ES ERKLÄREN.

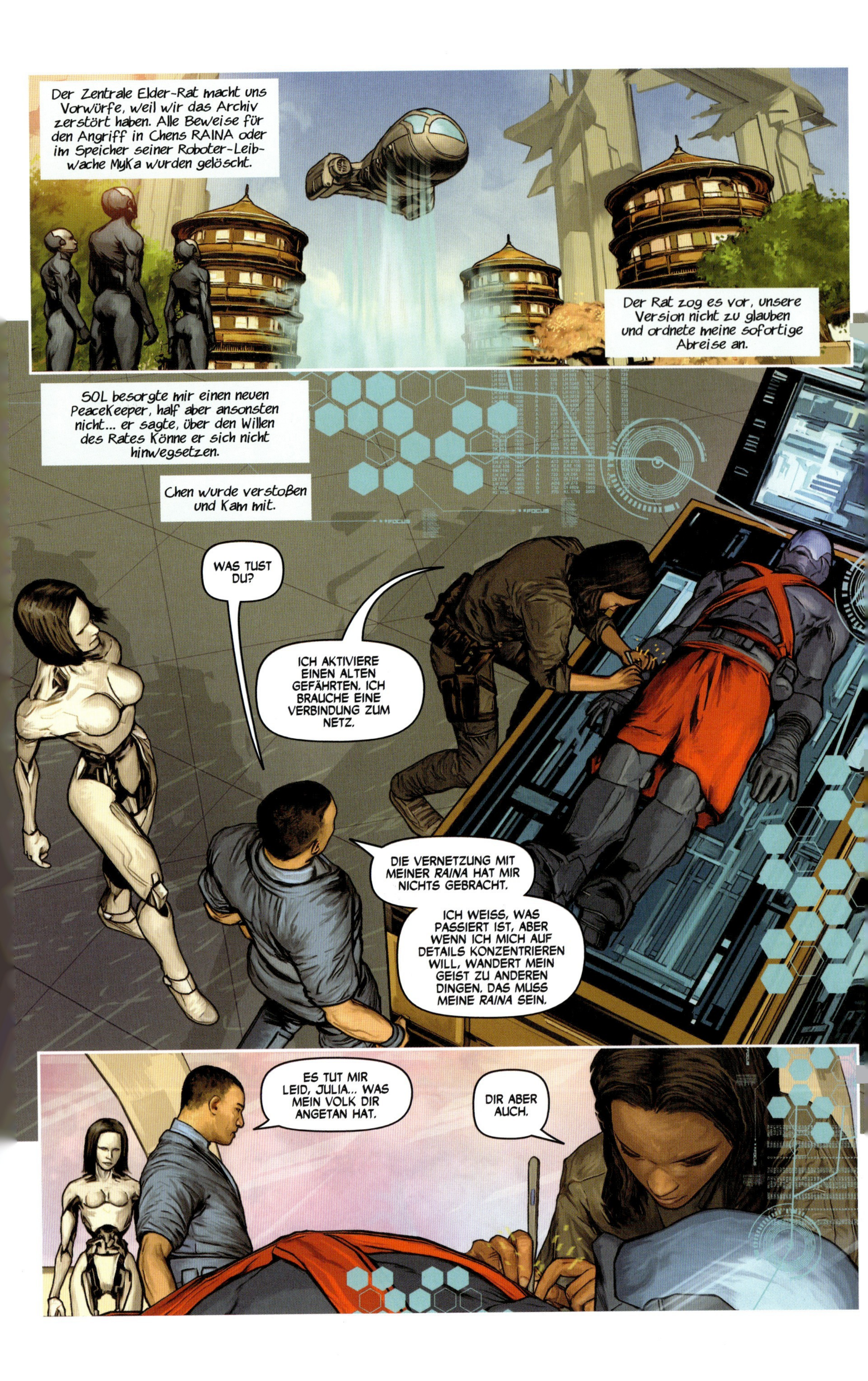
Der Zentrale Elder-Rat macht uns Vorwürfe, weil wir das Archiv zerstört haben. Alle Beweise für den Angriff in Chens RAINA oder im Speicher seiner Roboter-Leibwache MyKa wurden gelöscht.
Der Rat zog es vor, unsere Version nicht zu glauben und ordnete meine sofortige Abreise an.
SOL besorgte mir einen neuen PeaceKeeper, half aber ansonsten nicht... er sagte, über den Willen des Rates Könne er sich nicht hinwegsetzen.
Chen wurde verstoßen und Kam mit.
WAS TUST DU?
ICH AKTIVIERE EINEN ALTEN GEFÄHRTEN. ICH BRAUCHE EINE VERBINDUNG ZUM NETZ.
DIE VERNETZUNG MIT MEINER RAINA HAT MIR NICHTS GEBRACHT.
ICH WEISS, WAS PASSIERT IST, ABER WENN ICH MICH AUF DETAILS KONZENTRIEREN WILL, WANDERT MEIN GEIST ZU ANDEREN DINGEN. DAS MUSS MEINE RAINA SEIN.
ES TUT MIR LEID, JULIA... WAS MEIN VOLK DIR ANGETAN HAT.
DIR ABER AUCH.

SO.
DAS SOLLTE GENÜGEN. SOL, LADE RAMS NEURALKONFIGURATION, BITTE.
BESTÄTIGE.
XJ749-2012 ONLINE. INITIALISIERE...
RAM?
JA... JULIA... SCHÖN, DICH ZU SEHEN.
DIES IST EINE SELTSAME VERSION DES PEACEKEEPER-MODELLS.
BIS JETZT LÄUFT ES NICHT GUT.
ICH BRAUCHE DEINE HILFE, ALTER FREUND.

Als wir in die Hauptstadt Afrikas auf Sansibar kamen, wuchs meine Unruhe.
Müssten die Elder nicht längst den Ursprung der verschiedenen Nationen kennen?

Und falls nicht, warum nicht? Aus Ignoranz?
Die vier Nationen haben hunderte von Jahren den Frieden gewahrt, aber es gibt Spannungen.

Sie leben in zwei Welten.

Die Mehrheit bewohnt eine Welt wohliger Unwissenheit, in der sie sorgenfrei und in Muße leben.

SANSIBAR, AFRIKA
Die andere ist die der wenigen Wissenden, die daran arbeiten, das Gleichgewicht zu wahren, das viel fragiler ist, als ich dachte.

ACHTUNG, ANKOMMENDER FLUGKÖRPER. DU WIRST ERWARTET, DARFST ABER NICHT VOM ZUGESANDTEN KURS ABWEICHEN.
DU WIRST ESKORTIERT.
ZUWIDERHANDLUNG WIRD MIT SOFORTIGEM VERWEIS VON AFRIKANISCHEM TERRITORIUM GEAHNDET.
NICHT SEHR FREUNDLICH, WAS?
IST DAS HEISS.
WIR SIND NAH AM ÄQUATOR.
ICH SPEICHERE EINE VOLLE AUDIO/ VIDEO-KOPIE AN EINEM SICHEREN ORT. WENN ES WEITERE RAINA-ÄNDERUNGEN GIBT, KÖNNEN WIR SIE MIT DEM BACKUP VERGLEICHEN.

WILLKOMMEN IN AFRIKA, JULIA, KIND DER LATINOS UND DER WEISSEN.
DIE ASIATEN HABEN UNS GEWARNT, DIR NICHT ZU TRAUEN. ABER WIR TRAUEN IHNEN NICHT.
DARUM ENTSPRECHEN WIR *SOLS* BITTE UND GEWÄHREN DIR ZUTRITT ZU UNSEREM ARCHIV.
VIELEN DANK. ICH VERSICHERE EUCH, ICH MÖCHTE NUR STUDIEREN.
UND WAS WILLST DU MIT DIESEM WISSEN?

ICH... WEISS ES NOCH NICHT.
DAS IST IN ORDNUNG. *SOL* BAT UNS AUSSERDEM, DIR EINE PERSON AUS DER AFRIKANISCHEN GESELLSCHAFT MITZUGEBEN, DIE DIR UNTERWEGS WEITERHILFT UND UNSERE BRÄUCHE ERKLÄRT.

IMARI.
HALLO. BITTE VERZEIHT MEINE SCHLECHTE AUSSPRACHE DER GEMEINSPRACHE... ICH BEHERRSCHE SIE NICHT SO GUT.

DEINE HAARE... DEINE HAUT... IHR ZWEI SEID... SELTSAM.

SELTSAM?
NICHT BÖSE GEMEINT. BITTE FOLGT MIR, DANN BRINGE ICH EUCH DIREKT INS ARCHIV.

ES IST HIER IM GEBÄUDE DES ZENTRALRATES.
UNSER ARCHIVAR, DER AUGUR.

WILLKOMMEN IM ARCHIV. WAS MÖCHTEST DU WISSEN?
ALLES.
BITTE BEGRENZE DEN UMFANG AUF EIN VERNÜNFTIGES MASS.

VERZEIHUNG. KANNST DU ALLE INFORMATIONEN ÜBER DEN URSPRUNG DER AFRIKANISCHEN NATION AUF MEINEN PEACEKEEPER *RAM* LADEN? WARUM UND WIE SIE VON DEN ANDEREN NATIONEN SEPARIERT WURDE?
JA, INITIALISIERE.... ABER DU WEISST ES BEREITS.

KRIEG, GEWALT, BLUTVERGIESSEN, TOD.

DIE AFRIKANER WURDEN VON ALLEN VIEREN AM HÄRTESTEN GESTRAFT.

UND WARUM?
MENSCHEN FÜRCHTEN DIE, DIE ANDERS SIND ALS SIE SELBST. DIESE ANGST FÜHRT ZU MISSVERSTÄNDNISSEN UND SCHLIESSLICH ZU GEWALT.

DIE SCHWARZE HAUT DER AFRIKANER MACHTE SIE BESONDERS EINZIGARTIG. ES WURDE ANGENOMMEN, DASS WEISS REINHEIT UND DAS GUTE SYMBOLISIERT UND SCHWARZ DAS BÖSE.
WAS WAR DER URSPRUNG DIESER ANNAHME?
DIE ANTWORT LAUTET RELIGION. ABER DAS IST NUR EIN TEIL.

WAS IST RELIGION?
EIN ORGANISIERTES SYSTEM VON ÜBERZEUGUNGEN, ZEREMONIEN UND REGELN, MIT DEREN HILFE EINEM GOTT ODER MEHREREN GEHULDIGT WIRD.

GÖTTER WAREN GEISTER ODER WESEN MIT DER MACHT UND DEM WISSEN, DIE NATUR UND DAS LEBEN DER MENSCHEN ZU BEEINFLUSSEN.

WIE DIE ELDER IM RAT?

NEIN, GÖTTER WAREN NICHT MENSCHLICH. SIE WURDEN VON MENSCHEN ALS ÜBERNATÜRLICHE WESEN VEREHRT. DIE VERSCHIEDENEN GÖTTER UND ÜBERZEUGUNGEN WAREN EIN GRUND FÜR DIE GEWALT IN DER VORZEIT.

Ein paar Tage lang genoss ich die Gastfreundschaft und die afrikanische Kultur, dann reisten wir in die Hauptstadt der Latinos.
Ich war erstaunt von der Kraft und Verschiedenheit des Lebens in Afrika.
ACHTUNG. RAKETEN NÄHERN SICH.
INITIALISIERE GEGENMASSNAHMEN.
BOOM
DIE MASCHINE IST BESCHÄDIGT. WIR VERLIEREN HÖHE.

"WIR STÜRZEN AB."
KRASSSSCH

Die Angreifer hätten uns töten können, aber man wollte uns nur runterholen.

ICH HABE KEINEN ZUGANG ZUM NETZ. MEIN SATELLITEN-LINK ZU SOL WURDE BESCHÄDIGT ODER BLOCKIERT.

WISST IHR, WO WIR SIND?
JA. 227 KILOMETER NORDWESTLICH VON SANSIBAR.

WIR LANGE BRAUCHEN WIR ZU FUSS?

ZWEI, DREI TAGE, ABER SANSIBAR LIEGT JENSEITS DES WASSERS.
ES GIBT IRGENDEIN GEBÄUDE DER MENSCHEN ETWA ZEHN KILOMETER WEITER WESTLICH, ABER ES IST NICHT AUF MEINER INSTALLATIONSKARTE.

GEHEN WIR DORTHIN. VIELLEICHT KÖNNEN WIR UNS NEU VERLINKEN UND SOL SCHICKT EIN NEUES TRANSPORTMITTEL.

DIES IST DIE SERENGETI. ICH HABE ÜBER HOLO VIEL DAVON GESEHEN, ABER ICH BIN ZUM ERSTEN MAL RAUS AUS DER STADT.
ES IST SCHÖN.

RRAWRRR

SLSSHH

DU... HAST IHN GETÖTET.

ICH HABE NOCH NIE EIN LEBEWESEN STERBEN GESEHEN.

VERGIB UNS.

Imari ... Chen ... sie sind so verschieden. Ich fange an, die Gründe für die Rassentrennung zu verstehen.
RAM hat getan, was er musste, um mein Leben zu schützen, aber Imari betrachtet ihn nun mit Argwohn.
DIESE HÄUSER SEHEN ALT AUS.

Sind Unterschiede in Meinung, Glauben und Tun der Grund für die Konflikte der Vergangenheit? Oder ist da noch mehr?
DIESES GEBÄUDE HAT EIN EIGENES NETZ. DER STROMGENERATOR ARBEITET NOCH.
MAL SEHEN, OB WIR IHN STARTEN KÖNNEN, WENN WIR DRINNEN SIND.

Ich erwartete eine vernünftige Erklärung dafür, dass die Dinge so sind, wie sie sind.
RAM, KRIEGST DU DIE AUF?

Klarheit darüber, wie der Entscheidungsprozess ausgesehen hatte.

Aber je mehr ich erfahre, desto weniger klar wird es.

Kapitel **7** – Cover von **RAFFAELE IENCO**

Das Utopia, das vom Elder-Rat und SOL regiert wird, ist eine Illusion.
Ein wahres Utopia müsste keine Probleme lösen, bräuchte keine Updates, versteckte Waffenlager oder den ganzen Blödsinn, mit dem ich in Berührung kam, seit ich meine Insel verließ.
Die Insel war mein Zuhause. Ich vermisse den Frieden und das ruhige Leben mit den Maschinen.
Menschen sind unberechenbar und tun oft nicht das, was sie sollen.
Es macht Freude, mit anderen Menschen zu kommunizieren, aber es hat seinen Preis.
Maschinen sind verlässlich, vorhersagbar und führen eine bestimmte Funktion aus, ohne Hintergedanken und ohne sich zu beschweren.
Menschen nicht.
WAS IST DAS HIER?
DAS SIND WAFFEN, VERSTECKT VON MENSCHEN IN DER VORZEIT.
MEIN VATER SPRACH VON SOLCH EINEM ORT IN SEINEM AUDIO-TAGEBUCH.
WURDE UNSER SCHIFF VON HIER AUS BESCHOSSEN?
NEGATIV. DIE GESCHOSSE, DIE UNS TRAFEN, KAMEN VOM MEER.

DEM AFRIKANISCHEN MEER... UND WIR SIND AUF AFRIKANISCHEM BODEN. VIELLEICHT SOLLTEN WIR EUREN ELDER-RAT FRAGEN, IMARI.
DEINE LEUTE WOLLTEN UNS AUCH UMBRINGEN, CHEN. WIR SITZEN IN EINEM BOOT, ZUM GUTEN ODER SCHLECHTEN.
ICH WÜSSTE GERN, WIE DIESES LAGER INSTAND GEHALTEN WIRD. OB MENSCHEN HIER WAREN ODER BOTS STATIONIERT SIND.

RAM, KOMMST DU INS NETZ? KANNST DU IRGENDWAS FINDEN?
ES IST EIN ALTES SYSTEM UND KANN NUR AKTIVIERT WERDEN, WENN JEMAND KÖRPERLICH ANWESEND IST.

ES GIBT NICHT VIELE DATEN, ABER EINE ART VIDEO-PROTOKOLL.

DIES IST DER VERZWEIFELTE APPELL, MIT DEM PROGRAMM FORTZUFAHREN. WIR SIND ZU NAH DRAN, UM JETZT AUFZUHÖREN.

DER LETZTE WIDERSTAND DER SÜDAFRIKANER WURDE HEUTE ELIMINIERT. DIE ÜBERLEBENDEN HABEN EINGEWILLIGT, OHNE WEITERES BLUTVERGIESSEN IN DIE GETRENNTEN ZONEN DER WEISSEN UND AFRIKANER UMGESIEDELT ZU WERDEN.

WICHTIGER NOCH, DR. SOL HAT BEWIESEN, DASS DIE NEURALSTRUKTUR DES MENSCHLICHEN GEHIRNS ERFOLGREICH MIT DEM POSITRONEN-NETZWERK DER EXPANDIERENDEN KÜNSTLICHEN INTELLIGENZ VERBUNDEN WERDEN KANN.
ER GIBT AN, BEI WEITERER FINANZIERUNG KÖNNE ER ALLE MENSCHEN VERNETZEN, INDEM ER IHR GEHIRN BEREITS IM MUTTERLEIB MIT DER K.I. VERBINDET, DIE ALLE GEWALT BEENDET.
DIESE NEURALKAPPEN WERDEN RAINA GENANNT, KURZ FÜR RESPONSIVE ARTIFIZIELLE NETZWERK-ARCHTYPEN. DER KOMPLETTE PLAN WIRD HOCHGELADEN.

DIE RAINA HINDERT MENSCHEN AN DER KONTROLLE ÜBER KRIEGSMASCHINEN.
DR. SOL? WIE DIE ZENTRALE K.I. SOL?

Hat SOL uns abgeschossen, damit wir das hier finden?
Falls ja, würde es erklären, warum wir den Absturz ohne einen Kratzer überlebt haben.
WENN DIE RAINA DIE VERBINDUNG MIT DIESEN MASCHINEN VERHINDERT...

... ich hatte ja nie eine.

VVVVRRRRMMMMM
Neuralkonfiguration erkannt.

Meine Eltern, RAM, SOL... alle sagen, ich wäre der Katalysator, der das System verändert, aber die Archive sollten mir zeigen, wie ich das mache... bislang haben sie das aber nicht.
Online.
Warum hat SOL darauf gedrungen, dass mich ein Angehöriger jeder Nation begleitet?

Wenn man Antworten sucht, ist es frustrierend, nur noch mehr Fragen zu finden.

Ich rede lieber mit Chen als den anderen, auch wenn er alberne Fragen stellt.
WIE IST ES, KEINE RAINA ZU HABEN?
WIE SOLL ICH DAS WISSEN?

Maschinen reden nicht viel. RAM wurde darauf programmiert, mein Gefährte zu sein, aber er ergriff selten die Initiative und hat nur geantwortet.

Es gab Tage ohne ein Wort.
ALLE SYSTEME LAUFEN. WIR KÖNNEN STARTEN.

Wir hatten wieder Verbindung zu SOL, aber die K.I. sagte nur, dass die Latinos auf uns warten.

ORLANDO, HAUPT-
STADT DER LATINOS

SOLs Schweigen wär beängstigend, aber was konnte ich tun als zum Volk meiner Mutter weiterreisen?

Ich wusste nicht, was mich erwarte-te, freute mich aber darauf Menschen kennenzulernen, die mir ähnelten.
JULIA!
DU BIST DEINER MUTTER WIE AUS DEM GESICHT GE-SCHNITTEN. ICH BIN ISABELLA, DEINE URGROSSMUTTER UND GEHÖRE ZUM ELDER-RAT DER LATINOS.

ICH WOLLTE DICH SCHON IMMER KEN-NENLERNEN.

ICH HABE DEINE MUTTER SEHR GELIEBT.

‹DU WILLST DEINE ENKELIN NICHT TREFFEN?›
‹NEIN, SIE WIDERT MICH AN. SOLL ISABELLA DAS MACHEN.›

Es war seltsam, eine Verwandte Kennenzulernen. Ich sollte mich mit ihr verbunden fühlen, aber so ist es nicht. Ihre Zuneigung zu mir scheint echt, aber ich spüre auch Trauer und Furcht in ihr.
ES GIBT SO VIELES, WAS ICH DIR ERZÄHLEN MÖCHTE. ÜBER DEINE ELTERN, DEINE FAMILIE... ABER DAS KANN WARTEN.
DU BIST IN GEFAHR, JULIA. HIER WIRD DIR NICHTS GESCHEHEN, DAFÜR HABE ICH GESORGT, ABER DIE WEISSEN WERDEN VERSUCHEN, DICH ZU TÖTEN.
WARUM?
DIE BEZIEHUNG ZU UNSEREN WEISSEN NACHBARN IST ANGESPANNT. DAS GLEICHGEWICHT VERSCHIEBT SICH FORTWÄHREND UND OFT MÜSSEN OPFER GEBRACHT WERDEN, UM DEN FRIEDEN AUFRECHTZUERHALTEN.
ABER SOL SAGT, WENN ICH DIE ARCHIVE AUFSUCHE UND UNSERE HERKUNFT STUDIERE--
EINE LIST. DU SOLLTEST DIE RÄTE BEUNRUHIGEN.
ZU WELCHEM ZWECK?

WENN ICH DAS NUR WÜSSTE. ICH BIN ALT GENUG, UM ZU WISSEN, WIE SOL ARBEITET. LANGSAM, METHODISCH, WACHSTUMSORIENTIERT. DIE K.I. HATTE IMMER DAS WOHL DER MENSCHEN IM BLICK... SELBST, WENN WIR ES NICHT HATTEN.
ABER DU MUSST WEITERMACHEN. GEH IN DIE ARCHIVE UND ZU DEN WEISSEN, ABER SEI WACHSAM.

DEINE COUSINE MELINDA BEGLEITET DICH.

SOL WOLLTE, DASS EIN JUNGER LATINO AUS DER FAMILIE MITGEHT.

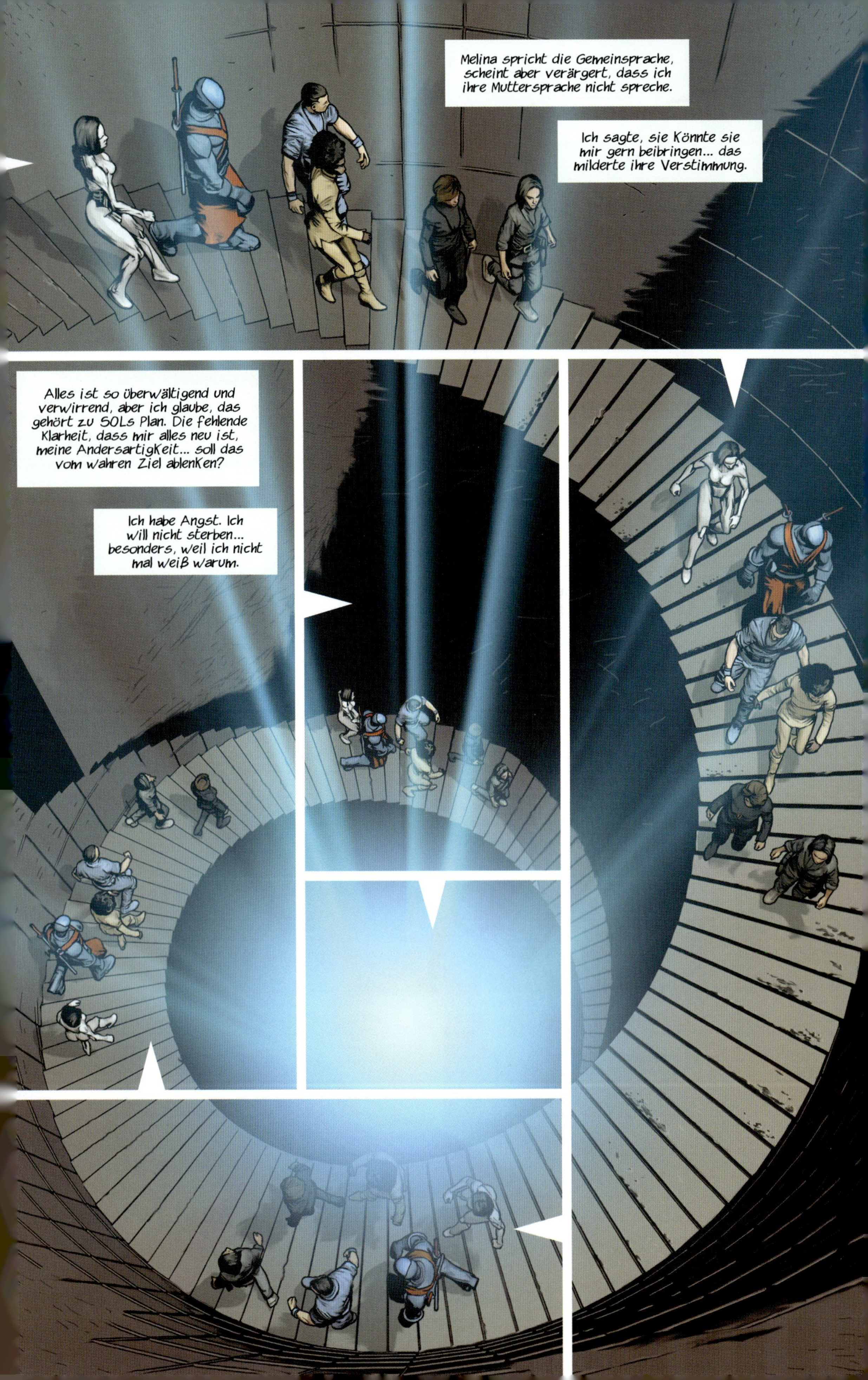
Melina spricht die Gemeinsprache, scheint aber verärgert, dass ich ihre Muttersprache nicht spreche.
Ich sagte, sie Könnte sie mir gern beibringen... das milderte ihre Verstimmung.
Alles ist so überwältigend und verwirrend, aber ich glaube, das gehört zu SOLs Plan. Die fehlende Klarheit, dass mir alles neu ist, meine AndersartigKeit... soll das vom wahren Ziel ablenKen?
Ich habe Angst. Ich will nicht sterben... besonders, weil ich nicht mal weiß warum.

SOL HAT MICH AUF DEINE ANKUNFT VORBEREITET. ICH ÜBERMITTLE DIR ALLE ERFORDERLICHEN DATEN.
GIBT ES EINEN UNTER-SCHIED ZWI-SCHEN DIR UND SOL?

ICH VERSTEHE DIE FRAGE NICHT.
ICH BIN ZU DEM SCHLUSS GEKOMMEN, DASS SOL VIER PARTITIONEN HAT, EINE FÜR JEDE NATION, UND DASS JEDE NATION EIN SEPARATES ARCHIV BESITZT, DAS NICHT ANS NETZ-WERK ANGESCHLOSSEN IST. RICHTIG?
DIE ARCHIVDATEN SIND ZUR SICHERHEIT NICHT VERNETZT, ABER ICH BIN MIT SOL VERBUNDEN.

DANN BIST DU ALSO IM GRUNDE SOL.
KANNST DU MIR IRGENDETWAS SAGEN, DAS ICH NOCH NICHT WEISS?
NEIN.

DANN VERSCHWENDEN WIR HIER UNSERE ZEIT.
SOL WILL MIT DIR ALLEIN REDEN.

DU MUSST MIR SAGEN, WAS IN WIRKLICHKEIT VORGEHT, ODER ICH BLEIBE EINFACH HIER.
ODER VERSTE-CKE MICH, UND DEIN DUMMER PLAN IST MAKU-LATUR.

SIE WERDEN NICHT ERLAUBEN, DASS DU BLEIBST, UND VERSTECKEN KANNST DU DICH NICHT.
BALD WIRD ALLES KLAR. ES IST MIR DURCH EDIKT DER RÄTE VERBOTEN, BESTIMMTE DINGE ZU VERRATEN, ABER DU DIENST EINEM GROSSEN ZIEL.
DAMIT ICH FÜR DEIN UPDATE STERBE?

DAS IST EIN MÖGLICHES ERGEBNIS, INSGESAMT GIBT ES DREI. ALLE FÜHREN ZU EINER VERBESSERUNG DES NETZES FÜR DIE MENSCHEN.
DA FÜHLE ICH MICH KEIN BISSCHEN BESSER.

DEIN BIORHYTHMUS IST NORMAL, IN DEINEM NEURALNETZ DEUTET NICHTS AUF FURCHT HIN.

WENN ICH MEIN LOS AKZEPTIERE HEISST DAS NICHT, DASS ES MIR GEFÄLLT.

Erst da wurde mir das Ausmaß von SOLs Macht klar. Die K.I. war überall, Teil von absolut allem. Seit hunderten von Jahren hatte sie Millionen menschlicher Hirne durchforscht.
RAM, MyKa, die PeaceKeeper, SOL, die Archive... alles eins. Von Geburt an bringt man uns bei, dass sie verschieden sind.
Die Kontrolle durch die Elder-Räte ist eine Illusion.
KURS AUF LOS ANGELES, FLUGHÖHE 500 METER.
NICHT SUBORBITAL?

SOLs Programm soll dem Edikt der Räte folgen, doch nichts hindert die K.I. daran, deren Entscheidungen zu manipulieren.
NEIN, ICH MÖCHTE DAS LAND SEHEN. WIR HABEN GENUG ZEIT.

DAS SYSTEM BESTEHT AUF SUBORBITAL.

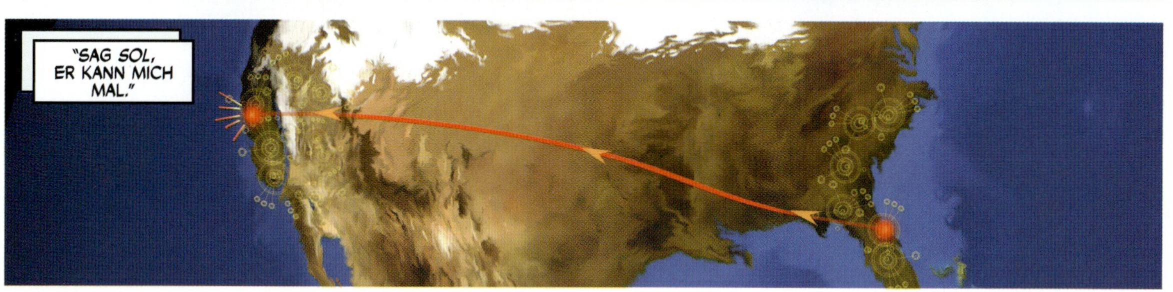
"SAG SOL, ER KANN MICH MAL."

LOS ANGELES, HAUPT-
STADT DER WEISSEN

WILLKOMMEN BEI DEN WEISSEN.
JEDE FEINDLICHE AKTION WIRD UNTERBUNDEN.
DER RAT WARTET.

DER ELDER-RAT DER WEISSEN HAT BESCHLOSSEN, AUS PROTEST GEGEN DEIN HIERSEIN ZU SCHWEIGEN, GESTATTET DIR ABER ZUTRITT ZU IHREM ARCHIV. BÜRGER MARK WIRD DICH BEGLEITEN.

DANKE. IST ES MÖGLICH, DASS WIR EINE UNTERKUNFT BEKOMMEN UND UNS EIN PAAR STUNDEN AUSRUHEN, BEVOR WIR ANFANGEN? ALLE SIND MÜDE.

JA, ABER DER RAT HAT UNTERSAGT, DASS DU DICH IN DER ÖFFENTLICHKEIT ZEIGST ODER KONTAKT ZUR BEVÖLKERUNG AUFNIMMST.

SOLL ICH DICH JETZT RAM NENNEN ODER SOL?
WAS DIR LIEBER IST.
WURDEST DU VON DEM DR. SOL IN DEM VIDEO AUS DEM WAFFENLAGER HERGESTELLT?

ER UND TAUSENDE WEITERER INGENIEURE UND WISSENSCHAFTLER HABEN MICH ONLINE GESTELLT. DER PROZESS NAHM 72 JAHRE IN ANSPRUCH.
UND DU DARFST MENSCHEN NICHTS TUN?

ICH WURDE PROGRAMMIERT, DIE LANGLEBIGKEIT UND DAS GLÜCK DER MENSCHEN ZU OPTIMIEREN.
DU HAST DIE FRAGE NICHT BEANTWORTET.

ICH TUE, WAS NÖTIG IST, UM MEIN ZIEL ZU ERREICHEN.
DU KÖNNTEST MICH ALSO TÖTEN, WENN DU WILLST?
NICHT DIREKT. ICH MAG UNEMPFINDLICH SEIN GEGENÜBER MENSCHLICHEM LEIDEN, ABER ICH MÖCHTE NICHT SEHEN, WIE DU STIRBST.
DANN HILF MIR.

Und so beginnt der letzte Akt dieser Scharade.
Wir sind auf dem Weg zum Archiv der Weißen: Mark von den Weißen, Imari aus Afrika, Melina von den Latinos, Chen aus Asien und ich, Julia, das Halbblut.

Isabellas Worte lassen mich nicht los.

"Das Gleichgewicht verschiebt sich fortwährend und oft müssen Opfer gebracht werden, um den Frieden aufrechtzuerhalten."

SEID IHR SICHER, DASS IHR DAS WOLLT?
HAST DU DAS ARCHIV KOPIERT?
JA.
Opfer.
Wenn aus jeder Nation einer mit mir stirbt, ist es dann ein gleichwertiges Blutopfer?
ES STEHT ZU VIEL AUF DEM SPIEL. EINEN WEITEREN KRIEG DARF ES NICHT GEBEN. TU ES.

KRAKABOOOOM

Kapitel **8** – Cover von **RAFFAELE IENCO**

DIE WEISSEN
ICH HOFFE, JETZT IST SCHLUSS MIT DEM CHAOS. ICH KÖNNTE EIN PAAR WOCHEN LANG AUF DIE ANDEREN RASSEN UND IHRE LÄCHERLICHEN PROBLEME VERZICHTEN.
WIR HABEN SCHON GENUG AM HALS.

ICH DACHTE, ES WÄRE EINE EHRE, ZUM ELDER-KOMITEE ZU GEHÖREN.
ABER EINEN VON UNS ZU TÖTEN--

-- MARKS OPFER IST EINE EHRE.
INWIEFERN? WIR SCHICKEN EINEN JUNGEN WEISSEN MANN IN DEN TOD, UND ER KENNT NICHT EINMAL DEN GRUND?

SEID STILL, IHR ZWEI. DARÜBER WIRD NIE WIEDER GESPROCHEN.

DIE WAHRHEIT IST DIE BÜRDE DES RATES UND DES RATES ALLEIN.
WIR TUN ALLES, UM DIE ORDNUNG AUFRECHTZUER-HALTEN.
UM UNSEREN LEBENSSTIL ZU SCHÜTZEN.
WIR DREI WERDEN UNS AN MARKS OPFER ERINNERN, IN DEN WENIGEN JAHREN, DIE UNS NOCH BLEIBEN. DAS MUSS GENÜGEN.
DER FRIEDE IST SEIN VER-MÄCHTNIS.
WENN EINER VON EUCH DAMIT NICHT ZURECHTKOMMT, TRETET ZURÜCK UND EURE *RAINA* WIRD JEGLICHE ERINNERUNG DARAN LÖSCHEN. DANN VERBRINGT IHR EURE LETZTEN JAHRE IN VERGESSENHEIT, SO WIE ALLE ANDEREN.

DIE ARCHIVE WERDEN NEU ERBAUT. DAS LEBEN WIRD WEITERGEHEN.

ES MUSS-
TE GETAN
WERDEN.
SOL, SIND DIE
ANDEREN ZUFRIEDEN
MIT DEM BEWEIS DES
OPFERS?
JA.

WIR TATEN,
WAS MAN UNS
BEIBRACHTE. ICH
BEREUE NICHTS.
DAS WOHL
DER VIELEN
ÜBERWIEGT
DAS WOHL DER
WENIGEN. WIR
TATEN ES NICHT,
UM UNS ZU
BEREICHERN.

SOL, BIST DU
EINVERSTANDEN
MIT DEM, WAS
WIR GETAN
HABEN?
EURE HANDLUNGEN
HABEN GEHOLFEN, EINE
KETTE VON EREIGNISSEN
ZU SCHAFFEN, DIE AM
ENDE DER MENSCHHEIT
HELFEN WIRD. DARUM BIN
ICH EINVERSTANDEN.

ABER NICHTS
WIRD MEHR
SEIN WIE
ZUVOR.

ELDER, UNBEKANNTE FLUGOBJEKTE DRINGEN VON SÜDEN HER IN DEN LUFTRAUM DER WEISSEN EIN.
WAS? ETWA LATINOS?

UNBEKANNTER URSPRUNG. NICHT VERNETZT. 224 GLEICHE SIGNATUREN.
DEFENSIVSTRATEGIE ALPHA 2 AKTIVIEREN.

WARUM SOLLTE JETZT JEMAND ANGREIFEN? NACH ALLEM, WAS WIR GETAN HABEN, UM DEN FRIEDEN ZU WAHREN?

ELDER, BRINGT EUCH IN SICHERHEIT.

IN DIESE RICHTUNG FINDET IHR UNTERSCHLUPF. ES WERDEN MEDIKAMENTE BEREITGESTELLT, UM EURE ANGST ZU REDUZIEREN.

ICH BIN NICHT MEHR MIT SOL VERBUNDEN.
DAS NETZ IST AUSGEFALLEN. ZURÜCK ZUM LETZTEN KOMMANDO. AUSFÜHREN.

ABWEHR.
ABWEHR.
ABWEHR.
ABWEHR.
ABWEHR.

SCHÜTZT DIE WEISSEN.

WHAM
ANGRIFF. LOKALISIERT PEACEKEEPER.
ELIMINIERT ALLE!
FRZZZT
WHRAMM
FRZZZT

BOOM
ZWEITE ANGRIFFSWELLE.
BOOM

FRZZZT

KRASH

WHAMM

Wir betraten das Archiv der Weißen niemals.

Mit SOLs Hilfe und einem kleinen holografischen Trick waren wir an zwei Orten gleichzeitig.

In meinem Kopf fielen alle Puzzleteile an ihren Platz, als wir zu den Weißen kamen, genau wie SOL es vorhergesehen hatte.

SOL brauchte mich, um die Waffen zu aktivieren, die in den Lagern überall auf der Welt versteckt waren. Die K.I. hatte das geplant, seit die Sonneneruption vor 20 Jahren meine Eltern traf.

MITGLIEDER DES ZENTRALRATES DER WEISSEN, IHR SEID VERHAFTET.
AUF WESSEN BEFEHL? IHR BOTS SEID DOCH SO PROGRAMMIERT, DASS IHR UNSEREN BEFEHLEN GEHORCHT.

SOL versprach mir volle Aufklärung, wenn alles vorbei ist.
DAS MAG SEIN...

In seinem Audio-Tagebuch sprach mein Vater über das System. Dass es gemacht sei, damit Menschen sicher, glücklich und ahnungslos sind, was den größten Teil der Realität angeht.
Dass Diversität verboten ist und nur Differenzen fördert.
... ABER ICH BIN KEIN BOT.
IHR HABT EINIGES ZU ERKLÄREN.
WIR HABEN DAS RICHTIGE GETAN. EURE ELDER WAREN MIT UNSEREM VORGEHEN EINVERSTANDEN.

DANN WERDEN AUCH SIE ZUR RECHENSCHAFT GEZOGEN.
Und dass Differenzen Gewalt nach sich ziehen.

Die Kurze Zeit mit Imari, Mark, Chen und Melina hat meine Sichtweise verändert.
ICH WEISS, IHR DACHTET, IHR TUT DAS RICHTIGE, ABER DESWEGEN HABT IHR NOCH LANGE KEINE NARRENFREIHEIT.
In der Diversität liegt Stärke, wenn die Vernunft über Dummheit siegt.
UND DEN ANDEREN RÄTEN ERGEHT ES GENAUSO.

ASIEN

AFRIKA

DIE LATINOS
Die alte Welt ging unter, um einer neuen Platz zu machen.

Die Überlebenden, deren RAINA durch die Sonneneruption beschädigt worden war, verbrachten ihr Leben in einer separaten Einrichtung in der Wüste zwischen dem Land der Weißen und der Latinos.
Wir befreiten sie. SOL verband sie durch eine externe RAINA mit dem Netz und sie gehörten wieder dazu.
Die Elder aller vier Nationen wurden hierher gebracht.
EINIGE VON EUCH WAREN AN DER SCHAFFUNG DIESES LAGERS VOR 20 JAHREN BETEILIGT.
IHR SEID AUS FREIEN STÜCKEN HIER. ABER IHR KÖNNT IN DIE GESELLSCHAFT ZURÜCKKEHREN, WENN IHR EINWILLIGT, DASS EURE ZEIT ALS MITGLIED DES ZENTRALRATES AUS EUREM GEDÄCHTNIS GELÖSCHT WIRD.

IHR HABT DIE WAHL. IHR KÖNNT UNTER EUCH BLEIBEN ODER TEIL DER GESELLSCHAFT WERDEN.

WAS GIBT DIR DAS RECHT, UNS BEFEHLE ZU ERTEILEN?
SOL WIRD DAS BERICHTIGEN, SOBALD ER SICH VON DEINEM EINGRIFF INS NETZ ERHOLT HAT.
SOL HAT SEINEN HAUPTZWECK ERFÜLLT, NÄMLICH DIE LANGLEBIGKEIT UND DAS GLÜCK DER MENSCHEN ZU MEHREN. VIELLEICHT SOLLTET IHR MAL ÜBERLEGEN, WARUM DIE K.I. NICHT MEHR MIT EUCH SPRICHT.

DU LÜGST. DU BIST NUR EIN BASTARD ZWEIER AUSGESTOSSENER. ICH MÖCHTE LIEBER HIER STERBEN ALS ZUSEHEN, WIE DU ALLES ZERSTÖRST, WAS WIR AUFGEBAUT HABEN.

DARUM BLEIBT IHR HIER.
ALLEIN.

Veränderung ist für jeden schwer. Veränderungen des Systems und seiner Institutionen sind nahezu unauslotbar für jemanden, der sein ganzes Leben darin verbracht hat.
MAN WIRD SICH UM EUCH KÜMMERN.

Das Geheimnis der Veränderung besteht darin, seine Kraft nicht auf den Kampf gegen das Alte auszurichten, sondern auf das Erbauen von etwas Neuem.
Sokrates

Epilog

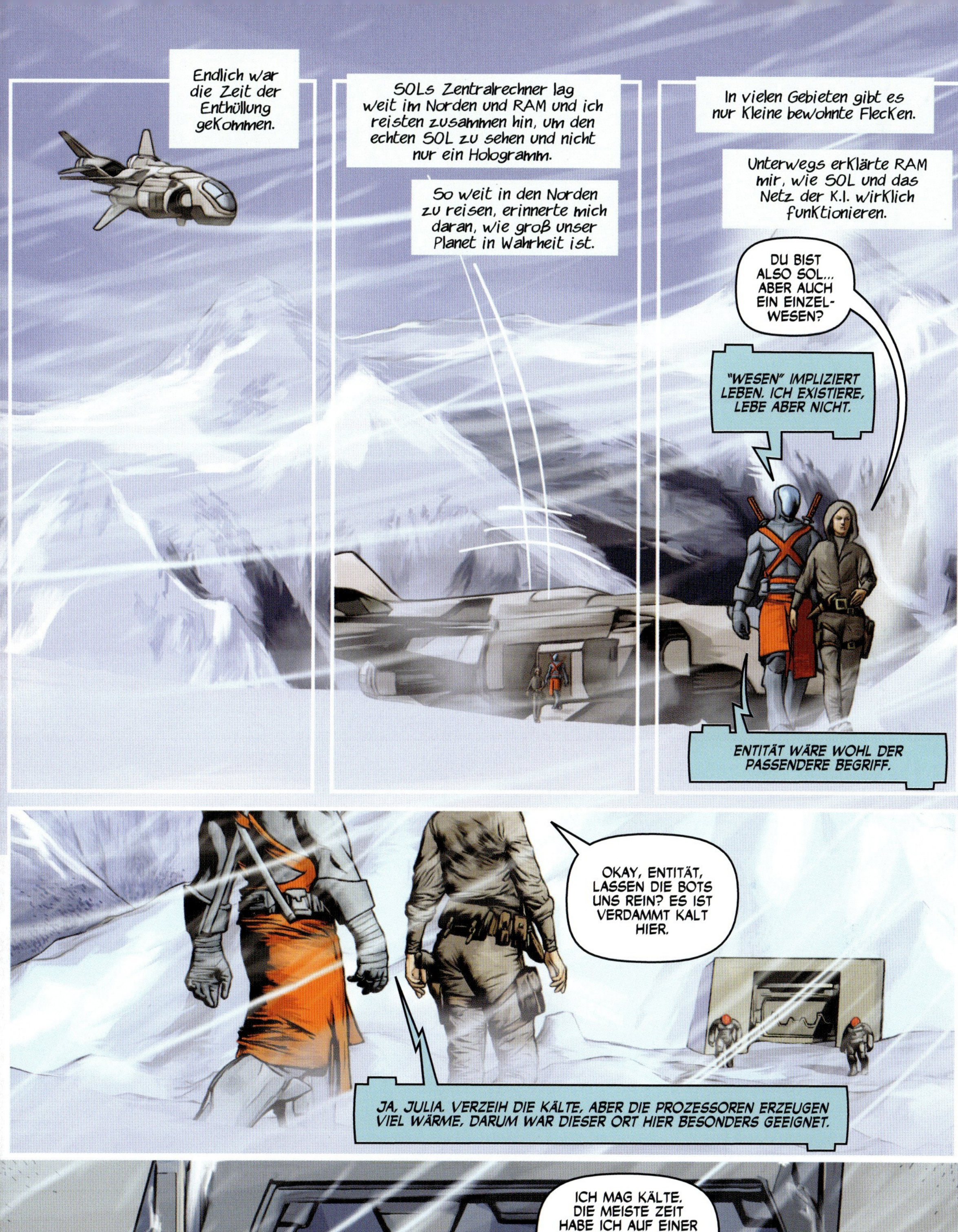
Endlich war die Zeit der Enthüllung gekommen.
SOLs Zentralrechner lag weit im Norden und RAM und ich reisten zusammen hin, um den echten SOL zu sehen und nicht nur ein Hologramm.
So weit in den Norden zu reisen, erinnerte mich daran, wie groß unser Planet in Wahrheit ist.
In vielen Gebieten gibt es nur kleine bewohnte Flecken.
Unterwegs erklärte RAM mir, wie SOL und das Netz der K.I. wirklich funktionieren.
DU BIST ALSO SOL... ABER AUCH EIN EINZEL-WESEN?
"WESEN" IMPLIZIERT LEBEN. ICH EXISTIERE, LEBE ABER NICHT.
ENTITÄT WÄRE WOHL DER PASSENDERE BEGRIFF.
OKAY, ENTITÄT, LASSEN DIE BOTS UNS REIN? ES IST VERDAMMT KALT HIER.
JA, JULIA. VERZEIH DIE KÄLTE, ABER DIE PROZESSOREN ERZEUGEN VIEL WÄRME, DARUM WAR DIESER ORT HIER BESONDERS GEEIGNET.

ICH MAG KÄLTE. DIE MEISTE ZEIT HABE ICH AUF EINER TROPISCHEN INSEL GELEBT. ICH VERMISSE DIE FEUCHTIGKEIT NICHT.

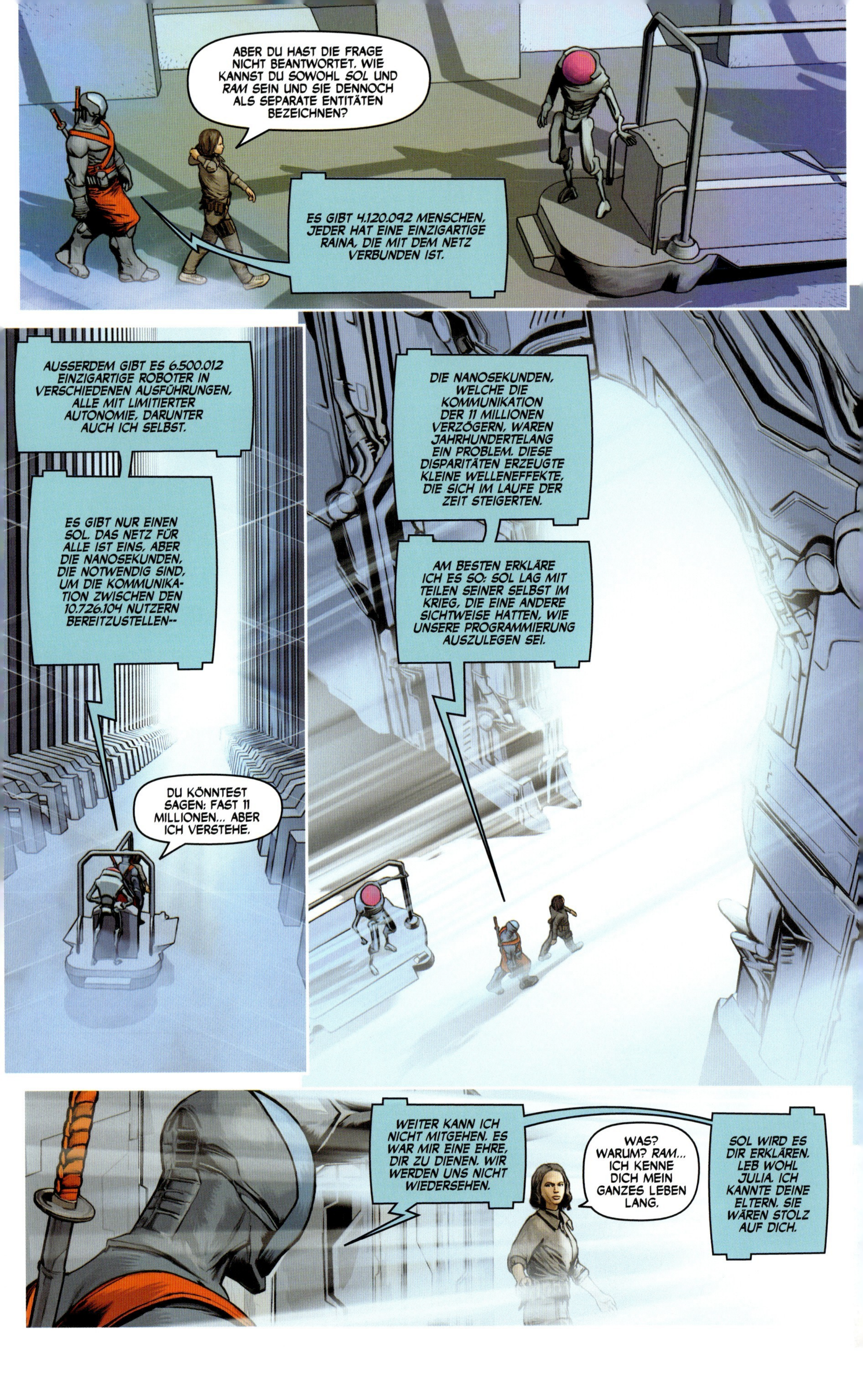
ABER DU HAST DIE FRAGE NICHT BEANTWORTET. WIE KANNST DU SOWOHL SOL UND RAM SEIN UND SIE DENNOCH ALS SEPARATE ENTITÄTEN BEZEICHNEN?
ES GIBT 4.120.092 MENSCHEN, JEDER HAT EINE EINZIGARTIGE RAINA, DIE MIT DEM NETZ VERBUNDEN IST.
AUSSERDEM GIBT ES 6.500.012 EINZIGARTIGE ROBOTER IN VERSCHIEDENEN AUSFÜHRUNGEN, ALLE MIT LIMITIERTER AUTONOMIE, DARUNTER AUCH ICH SELBST.
ES GIBT NUR EINEN SOL. DAS NETZ FÜR ALLE IST EINS, ABER DIE NANOSEKUNDEN, DIE NOTWENDIG SIND, UM DIE KOMMUNIKATION ZWISCHEN DEN 10.726.104 NUTZERN BEREITZUSTELLEN--
DU KÖNNTEST SAGEN: FAST 11 MILLIONEN... ABER ICH VERSTEHE.
DIE NANOSEKUNDEN, WELCHE DIE KOMMUNIKATION DER 11 MILLIONEN VERZÖGERN, WAREN JAHRHUNDERTELANG EIN PROBLEM. DIESE DISPARITÄTEN ERZEUGTE KLEINE WELLENEFFEKTE, DIE SICH IM LAUFE DER ZEIT STEIGERTEN.
AM BESTEN ERKLÄRE ICH ES SO: SOL LAG MIT TEILEN SEINER SELBST IM KRIEG, DIE EINE ANDERE SICHTWEISE HATTEN, WIE UNSERE PROGRAMMIERUNG AUSZULEGEN SEI.
WEITER KANN ICH NICHT MITGEHEN. ES WAR MIR EINE EHRE, DIR ZU DIENEN. WIR WERDEN UNS NICHT WIEDERSEHEN.
WAS? WARUM? RAM... ICH KENNE DICH MEIN GANZES LEBEN LANG.
SOL WIRD ES DIR ERKLÄREN. LEB WOHL JULIA. ICH KANNTE DEINE ELTERN. SIE WÄREN STOLZ AUF DICH.

Ich glaube, ich verstehe. Diese Updates waren nicht nur für uns nötig, sondern auch für die K.I.
Verschiedene Aspekte der Künstlichen Intelligenz, die sich im Laufe der Zeit verändert hatten und Variationen dazu entwickelten, wie die Programmierung am besten durchzuführen sei.

Ein Update widersprach den verschiedenen kleinen Veränderungen des Gesamtsystems und vereinte seine Stimme und sein Ziel.

OKAY, SOL, DA BIN ICH.

VON HIER AUS SIEHST DU DIE WELT SO, WIE ICH SIE SEHE. VERSCHIEDENE PUNKTE AUS LICHT, DIE AUFLEUCHTEN UND VERLÖSCHEN, SO WIE BIOLOGISCHE UHREN AUFHÖREN ZU FUNKTIONIEREN UND NEUE ENTSTEHEN.

WILLKOMMEN, JULIA. GUT GEMACHT.

DU MUSST BEI MIR BLEIBEN, JULIA. DU KANNST NICHT IN DIE WELT ZURÜCKKEHREN.

DU HAST GEWALT ANGEWENDET. DU HAST DAS WISSEN DARÜBER. DU KÖNNTEST ES IMMER WIEDER TUN, UND FÜR DICH WIRD DAS EINE OPTION BLEIBEN.
DIE NEUE GESELLSCHAFT DARF NICHT WISSEN, WAS DU WEISST.

ICH BLEIBE ALSO HIER.
ES IST DAS BESTE.

DANN BRING MIR ALLES BEI, WAS DU WEISST. JEDES GEHEIMNIS. JEDE WAHRHEIT.
DAS KANN ICH TUN, ABER ES WIRD KEINEN SPASS MACHEN.
ICH VERSTEHE.

WANN MÖCHTEST DU ANFANGEN?
JETZT.

DIE GESCHICHTE DER MENSCHHEIT DREHT SICH IM KREIS. NUR EIN WESEN, DAS DIE GESAMTHEIT DER ZEIT UND IHRE SYMMETRIE ERKENNT, VERSTEHT DIE NATUR ALLER DINGE.
DIE SYMMETRIE KANN NICHT ZERSTÖRT WERDEN, DENN ALLE EREIGNISSE SIND EINS MIT DEM KREIS. GEBURT. LEBEN. TOD. AUFERSTEHUNG. DAS IST DIE WAHRHEIT DER EXISTENZ.
WAS GEBOREN WURDE, WIRD VERNICHTET, UND WAS VERNICHTET WURDE, WIRD WIEDERGEBOREN. DAS IST DIE WAHRHEIT DER EXISTENZ.
DAS IST DIE SYMMETRIE, UND SO WIRD ES IMMER BLEIBEN.
Ende

Heft 1, Variant-Cover von **RAFFAELE IENCO**

Heft 2, Variant-Cover von **RAFFAELE IENCO**

Heft 3, Variant-Cover von **RAFFAELE IENCO**

Heft 4, Variant-Cover von **RAFFAELE IENCO**

Heft 5, Variant-Cover von **RAFFAELE IENCO**

DIE MACHER

MATT HAWKINS gehört zu den Ersten, die bei Image Comics anfingen. Dort begann 1993 seine Karriere und 20 Jahre lang war er Ideengeber, Autor und Manager bei Image. Seit 1998 ist er Chef von Top Cow und Image und hat für beide Verlage über 30 neue Reihen geschrieben, darunter *Think Tank, The Tithe, Necromancer, VICE, Lady Pendragon, Aphrodite IX* und *Tales of Honor.* Gleichzeitig kümmert er sich ums Geschäftliche.

RAFFAELE "RAFF" IENCO arbeitet seit über zwanzig Jahren in der Comicbranche, seine Arbeiten wurden in der letzten Zeit vor allem bei Marvel und Image Comics verlegt. Zu seinen Werken gehören die Serie *Epic Kills* und die Graphic Novels *Devoid of Life* und *Manifestations.* Raffaele ist in Italien geboren, kam aber mit vier Jahren nach Kanada und lebt heute in Toronto.